물리학을 뒤흔든 30년

20세기 물리학 혁명의 산 증언

G. 가모프 지음

김정흠 옮김

전파과학사

내 젊은 날의 친구들에게

PSSC의 과학연구총서
The Science Study Series

『과학연구총서』는 학생들과 일반 대중에게 소립자부터 전 우주에 이르기까지 과학에서 가장 활발하고 기본적인 문제들에 관한 고명한 저자들의 저술을 제공한다. 이 총서 가운데 어떤 것은 인간 세계에서의 과학의 역할, 인간이 만든 기술과 문명을 논하고 있고, 다른 것은 전기적 성격을 띠고 있어 위대한 발견자들과 그 발견에 관한 재미있는 얘기들을 써 놓고 있다. 모든 저자는 그들이 논하는 분야의 전문가인 동시에 전문적인 지식과 견해를 재미있게 전달할 수 있는 능력의 소유자이다. 이 총서의 일반적인 목적은 어린 학생이나 일반인이 이해할 수 있는 범위 안에서 전체적인 내용을 살펴보는 것이다. 바라건대 이 중에 많은 책들이 독자로 하여금 자연현상에 관해 스스로 연구하도록 만들어 주었으면 한다.

이 총서는 모든 과학과 그 응용 분야의 문제들을 다루고 있지만, 원래는 고등학교의 물리 교육과정을 개편하기 위한 계획으로 시작되었다.

1956년 매사추세츠공과대학(MIT)에 물리학자, 고등학교 교사, 신문잡지 기자, 실험기구 고안가, 영화 제작가, 기타 전문가들이 모여 물리 과학교육 연구위원회(Physical Science Study Commitee, 약칭 PSSC)를 조직했는데 현재는 매사추세츠주 워터타운에 있는 교육 서비스사(Educational Services Incorporated, 현재는 Educational Development Center, 약칭 EDC)의 일부로 운

영되고 있다. 그들은 물리학을 배우는 데 쓸 보조자료를 고안하고 제작하기 위해 그들의 지식과 경험을 합쳤다. 처음부터 그들의 노력은 국립 과학재단(The National Science Foundation, 약칭 NSF)의 후원을 받았는데, 이 사업에 대한 원조는 지금도 계속되고 있다. 포드재단 교육진흥기금, 앨프리드 P. 슬로운재단 또한 후원해주었다. 이 위원회는 교과서, 광범한 영화 시리즈, 실험지침서, 특별히 고안된 실험기구, 그리고 교사용 자료집을 만들었다.

이 총서를 이끌어가는 편집위원회는 다음의 인사들로 구성돼 있다.

편집주간: 브루스 F. 킹즈베리
편집장: 존 H. 더스튼(보존재단)
편집위원:
 폴 F. 브랜드와인(보존재단 및 하코트, 브레이스 앤드 월드 출판사)
 프랜시스 L. 프리드먼(매사추세츠공과대학)
 사무엘 A. 가우트스밋(브룩헤이븐 국립연구소)
 필립 르코베이에(하버드대학)
 제라드 필(『사이언티픽 아메리칸』)
 허버트 S. 짐(사이먼 앤드 슈스터 출판사)

저자 소개

이 책은 가모프 박사가 고등학교 학생들의 보조용 학습서적으로 출판되는 과학연구총서(Science Study Series)를 위해 쓴 두 번째 책이다. 1962년 출판된 첫 번째 책인 『중력(Gravity)』*에서와 마찬가지로 그는 문외한을 위한 과학 계몽의 능력을 나타내는 동시에 화가로서의 재능도 발휘하고 있다. 가모프 박사는 스스로 산드로 보티첼리[Sandro Botticelli, 1444(?)~1510]를 초상화의 스승으로 인정하고 있다. 이 책을 펼쳐 본 화가 지망생이라면 누구나 막스 플랑크(1장)와 닐스 보어(2장)의 초상을 그린 스케치 속에서 보티첼리의 영향을 찾아내는 또 다른 재미를 맛보게 될 것이다. 가모프 박사의 스타일과 최근의 소문난 통속화 사이의 관계는 좀 더 손쉽게 알 수 있을 것이다. 또 철학에 소양이 있는 사람이라면 우주 창조에 관한 우주 폭발 기원설(Big Bang Theory)을 전개한 이 유명한 이론물리학자의 작품 속에 이탈리아의 르네상스부터 20세기 중엽 매디슨(Madison)가에 이르기까지 회화의 흐름에 연속성이 나타나 있다는 사실을 뜻깊이 생각하게 될 것이다.

설사 가모프 박사와 같은 정도의 문학적 풍취를 가지고 있고, 어려운 과학을 똑같이 이해하고 있다 해도 이 책과 비슷한 책을 쓸 수 있는 물리학자는 별로 없을 것이다. 이 책은 그 내용 속에 담겨 있는 지식이 발전해나간 결정적인 시기에 관한 회고를 엮은 것으로서 그 시기와 장소에 실제로 살았고 활약했

---

*『중력(重力)』, G. 가모프, 전파과학사

던 장본인에 의해서 쓰인 것이다. 앞으로 전개될 이야기 속에 나오는 위대한 사람 중에는 가모프 박사의 명성을 능가하는 사람들도 많다. 이러한 과학의 거인들은 우주를 인간의 마음속에 재현시킨 사람들로서 그들은 가모프 박사의 스승이며, 친구이며, 또 동료들이었다. 가모프 박사의 환경이 국제적이었기 때문에 그는 물리학을 뒤흔든 30년 사이에 일어난 중대한 여러 사건의 현장에 있을 수 있었다. 이는 가모프 박사의 크나큰 행운이라 할 수 있겠다.

가모프 박사는 1904년 3월 4일 러시아의 오데사(Odessa)에서 태어났다. 젊었을 때 그는 과학에 흥미를 느꼈으며, 1년 동안 고생물학에 몰두했던 적이 있다. 이 경험으로 인해 「새끼발가락의 모양을 보고 곧 고양이와 공룡을 구별할 수 있게 되었다」고 후에 가모프 박사는 말했다. 그는 레닌그라드대학에 들어가 1928년에 박사 학위를 받고, 외유 장학기금을 받아 독일의 괴팅겐(Göttingen)대학교에서 1년간 지냈다. 1928~1929년에 그는 코펜하겐(Copenhagen)에서 닐스 보어와 같이 연구했고, 1929~1930년에 영국 케임브리지(Cambridge)의 캐번디시(Cavendish) 연구소에서 어니스트 러더퍼드와 같이 연구했다.

가모프 박사가 이론물리학에 관한 최초의 중요한 논문을 쓴 것은 그의 나이 24세 때였다. 가모프 박사와는 독립적으로 물리학자 E. U. 콘돈과 영국의 R. W. 거리는 알파(α)입자가 방사성 입자에서 방출되는 과정에 당시 발견된 지 얼마 되지 않은 파동역학의 새 방법을 응용함으로써 이 현상을 잘 설명할 수 있었다. 2년 후인 1930년 가모프 박사는 흔히 〈원자파괴(Atom-smashing)〉로 알려진 실험에는 α입자보다도 양성자 쪽이 더 쓸

모 있다고 예언했었는데 이는 그대로 적중했다. 또 같은 해에 그는 무거운 원소의 원자핵에 대한 물방울〔액적(液滴)〕 모형(Liquid Drop Model)을 제창했다. 1929년에는 R. 앳킨슨 및 F. 휴터먼즈와 협력하여 태양의 열과 빛은 열핵반응에 기인한다는 이론을 만들었으며, 중성자 포착에 의한 화학 원소의 기원에 관한 그의 이론은 1940년대의 한 시기를 통해 당시의 우주론을 지배했다. 그는 또 생물학의 기초분야에 관한 논문도 썼는데 그것은 DNA(핵산) 분자의 네 뉴클레오티드가 각각 하나의 암호 구실을 하며 이들의 다양한 결합이 여러 종류의 아미노산 분자의 구조를 위한 주형(template)이 된다는 내용이었다.

가모프 박사의 사람 됨됨이 또한 그의 창조적 연구 업적과 마찬가지로 훌륭한 것이었다. 189㎝, 102㎏이나 되는 건장한 체구를 가진 가모프 박사는 장난을 좋아하는 유머로 가득 찬 성격의 소유자이다. 그 유명한 톰킨스* 씨의 공상 속 독자인 우리가 잘 알고 있는 대로이다. 가모프 박사와 그 제자인 R. 앨퍼(Ralph Alpher)가 1948년 『화학 원소의 기원(The Origin of Chemical Elements)』에 관한 논문의 예비적인 계산에 관한 보고논문에 자기들의 이름을 쓸 단계에 이르러 가모프 박사는 「무엇인가 빠진 것이 있네 그려」라고 말하고는 한스 베테(Hans A. Bethe, 1906~2005, 1967년 노벨물리학상 수상)의 이름을 본인에게는 **알리지도 않고** 빌려서 「앨퍼, 베테, 가모프**」라 서명해

---

*역자 주: 가모프 박사의 유명한 책 『이상한 나라의 톰킨스 씨(Mr. Tonpkins in Wonderland)』(1939)를 뜻한다.
**역자 주: Alper, Bethe, Gamow는 그 발음이 그리스어의 α, β, γ(Alpha, Beta, Gamma)와 비슷한 까닭에 장난삼아 저자를 3명으로 만들어 버렸다. 이 이론은 그후 α, β, γ이론으로 불리고 있다.

버렸다. 가모프 박사는 6개 국어를 할 줄 알았고 인기 있는 강의를 자주 하는 편이었는데, 악센트가 강하기 때문에 그 여섯 나라 말은 모두 〈가모프어(語, Gamovian)〉라는 한 국가의 말의 여섯 가지 표현법인 것처럼 들린다고 그의 한 친구는 농담으로 말했다. 가모프식의 언어에는 그의 독특한 문학적 스타일이 따랐다. 그러니 그의 표현을 무참하게 삭제하려는 편집자가 있다면 그야말로 언어의 풍부한 뉘앙스를 이해할 줄 모르는 아둔하고, 가장 질이 나쁜 현학적인 사람이라 할 수 있겠다.

가모프 박사의 언어학자로서의 재능에 덧붙여 그의 직업상 경력도 무시할 수 없다. 보어, 러더퍼드와 같이 연구한 후 가모프 박사는 소련으로 돌아가 레닌그라드 과학 아카데미의 연구원(Master in Research)이 되었다가 1933년에 영원히 모국을 떠났다. 가모프 박사는 그 후 파리와 런던에서 강의했으며 또 미시간대학에서 여름 동안 강의했다. 그 후 그는 1934~1956년에 워싱턴의 조지워싱턴대학에서 물리학 교수로 있었다. 1940년 그는 미국 시민이 됐으며 2차 세계대전 전후에 미국의 육군, 해군, 공군 및 원자력위원회(Atomic Energy Commission)의 고문이 되기도 했다. 1956년부터 그는 볼더(Boulder)에 있는 콜로라도(Colorado)대학의 물리학 교실에서 연구하고 있다.*

가모프 박사는 수많은 학술 논문과 전문서 1권(『원자핵』, 옥스퍼드대학 출판사, 1931년, 1937년, 1949년 개정판 발간)을 저술하였다. 그의 통속적인 원고는 『사이언티픽 아메리칸(Scientific American)』**에 많이 게재되었다. 또 다음과 같은 책들을 썼다.

---

*가모프 박사는 그 후 1968년 8월 20일 서거하였다.
**역자 주: 과학 일반에 관한 흥미 있는 소식과 해설 기사를 싣는 월간 잡지로서 세계적으로 명성이 있다.

1. 『이상한 나라의 톰킨스 씨(Mr. Tompkins in Wonderland)』, 케임브리지대학 출판부, 1939.

2. 『태양의 탄생과 죽음(The Birth and Death of the Sun)』, 바이킹 출판사, 1941.

3. 『원자를 탐험하는 톰킨스 씨(Mr. Tompkins Explores the Atom)』, 케임브리지대학 출판부, 1943.

4. 『지구의 전기(Biography of the Earth)』, 바이킹 출판사, 1943.

5. 『원자력 이야기(Atomic Energy in Cosmic and Human Life)』, 케임브리지대학 출판부, 1945.

6. 『1, 2, 3……무한대(One, Two, Three……Infinity)』, 바이킹 출판사, 1952.

7. 『우주의 창조(Creation of the Universe)』, 바이킹 출판사, 1952.

8. 『달(The Moon)』, H. 슈만 출판사, 1953.

9. 『생명의 나라의 톰킨스 씨(Mr. Tompkins Learns the Facts of Life)』, 케임브리지대학 출판부, 1953.

10. 『재미나는 수학퍼즐(Puzzle-Math)』, M. 스턴 공저, 바이킹 출판사, 1958.

11. 『물리학—그 기초와 미개척 분야(Physics: Foundation and Frontiers)』, J. 클라블런드 공저, 프렌티스홀 출판사, 1960.

12. 『원자와 원자핵(Atom and Its Nucleus)』, 프렌티스홀 출판사, 1960.

13. 『물리학의 전기(傳記)(Biography of Physics)』, 하퍼앤드브

라더즈 출판사, 1961.

14. 『지질, 지구, 하늘(Matter, Earth and Sky)』, 프렌티스홀 출판사, 1958(제2판, 1965).

15. 『태양이라는 이름의 별(A Star Called the Sun)』, 바이킹 출판사, 1965.

16. 『지구라는 이름의 행성(A Planet Called the Earth)』, 바이 킹 출판사, 1965.

2차 세계대전으로 인해 가모프 전집의 처음 두 권의 삽화를 그려준 영국인 화가와 통신이 두절된 까닭에 톰킨스 씨에 관한 두 번째 책에서는 자신이 직접 삽화를 그렸다. 1956년 그는 일반 독자를 위한 과학 계몽서를 낸 공적으로 유네스코에서 칼 링가상(Kalinga Prize)을 받았다.

가모프 박사는 소련의 과학 아카데미 회원이었는데, 그의 말에 의하면 이것은 소련을 떠나고 나서 해임됐을 때까지 계속되었다. 가모프 박사는 덴마크의 왕립 학교 아카데미(Royal Danish Academy of Sciences) 회원이기도 했으며 미국의 국립 과학 아카데미(National Academy of Sciences) 회원이었다.

잔 H. 더스튼

머리말

두 가지의 위대한 혁명적 이론이 20세기의 처음 수십 년 사이에 물리학의 양상을 크게 바꿔 놓았다. 그 두 이론이란 **상대성이론**(Theory of Relativity)과 **양자론**(Quantum Theory)이다. 상대성이론은 본질적으로 단 한 사람, 알버트 아인슈타인에 의해서 만들어졌으며 두 부분으로 이루어져 있다. 하나는 1905년에 발표된 특수 상대성이론이고 다른 하나는 1915년에 발표된 일반 상대성이론이다. 아인슈타인의 상대성이론은 물리학 세계의 기술을 위한 독립적인 두 가지, 양(量)으로서의 공간과 시간에 관한 고전적인 뉴턴역학의 개념을 근본적으로 바꾸어 놓았다. 또한 상대성이론은 시공을 하나의 통일된 4차원적 세계로 도입했는데, 이 4차원적 세계에서 시간은 세 공간 좌표와 전적으로 같은 것은 아니지만, 어쨌든 그 제4좌표로 취급한다. 상대성이론은 원자 속에서의 전자 운동, 태양계에서의 행성 운동 및 우주에서의 성상은하 운동을 논하는 데 중요한 변화를 가져왔다.

상대론과 달리 양자론은 여러 위대한 과학자들의 창조적 연구의 종합적 성과라 할 수 있겠다. 그 첫 번째 과학자는 막스 플랑크로서 최초로 물리학에 에너지양자의 개념을 도입하였다. 양자론은 여러 발전 단계를 거쳐 오늘에 이르렀는데, 원자나 원자핵의 구조에서 일상적으로 경험하는 보통 크기의 물체 구조에 이르기까지 깊은 통찰을 제공하고 있다. 오늘날까지도 양자론은 완성되어 있지 않다. 특히 상대성이론과 소립자 문제에 관해서는 미완성이다. 앞으로의 발전에는 매우 큰 어려움이 가로막고 있어 현재(일시적이나마)는 전진이 더디다.

이 책에서 논의하려는 내용은 양자론의 발전에 관한 이야기이다. 나는 레닌그라드대학의 학생이었던 18세 때 처음으로 양자의 개념과 보어의 원자모형에 관해 배웠다. 그 후 24세 때 운 좋게도 코펜하겐에서 보어의 제자가 될 수 있었다. 블라이담스바이가(paa Blegdamsvej : 보어연구소의 주소)에서의 잊을 수 없는 시절에 나는 양자론 초창기의 발전에 공헌한 여러 학자들과 만나 그들과 같이 토론하는 기회를 가질 수 있었다. 이제부터 이야기하려는 내용은 당시 경험의 산물이며, 이 이야기는 위대하고 사랑스러운 닐스 보어가 그 중심이다. 나는 새 시대의 젊은 물리학자들이 이제부터 전개하는 이야기 속에서 재미있는 여러 지식을 찾아내 주기를 기대하고 있다.

조지 가모프

차례

서론

20세기는 뉴턴(Sir. Isaac Newton, 1643~1727) 이전의 시대부터 물리학을 지배해 온 고전론을 뒤엎고 재평가하는 획기적인 시대의 도래를 고하는 일로부터 시작되었다. 1900년 12월 14일 독일물리학회 모임에서 막스 플랑크는

「물체에 의한 빛의 방출과 흡수에 관한 골치 아픈 고전적 모순을 해결하기 위해서는 **복사에너지가 띄엄띄엄 떨어진 에너지값을 갖는 덩어리 형식으로만 존재할 수 있다**고 가정하면 된다」

고 보고했다. 플랑크는 이 덩어리를 **광양자**(Light Quanta)라 불렀다. 5년 후 **알버트 아인슈타인**(Albert Einstein, 1879~1955, 1921년 노벨물리학상 수상)은 광양자의 개념을 광전 효과(Photoelectric Effect)의 실험적 법칙을 설명하는 데 응용하여 성공했다. 광전 효과란 보라색 빛 또는 자외선을 금속 표면에 쬘 때 금속 표면에서 전자가 튀어나오는 현상이다. 더 후에 가서 **아서 콤프턴**(Arthur Compton, 1892~1962, 1927년도 노벨물리학상 수상)은 고전적 실험을 통해 자유전자에 의한 X선의 산란은 두 탄성구 사이의 충돌과 같은 법칙을 따른다는 것을 보여 주었다. 이리하여 수년 사이에 복사에너지의 양자화라는 신기한 아이디어가 이론적으로나 실험적으로나 확고한 기반을 잡게 되었다.

1913년 덴마크의 물리학자 **닐스 보어**는 플랑크의 복사에너지에 관한 양자화 개념을 확장하여 원자 내 전자의 역학적 에너지를 설명하였다. 원자 세계의 역학적 체계에 대해 특별한 〈양자화 법칙〉을 도입함으로써 보어는 원자에 관한 어니스트 러더퍼드(Ernest Rutherford, 1871~1937, 1908년 노벨화학상 수상)의 행성모형을 이론적으로 설명하는 데 성공했다. 러더퍼드의 원

자모형은 확고한 실험적 뒷받침을 갖고 있었지만, 다른 한편으로는 고전물리학의 모든 기초 개념과 정면으로 충돌하는것이었다. 보어는 띄엄띄엄 떨어져 있는 원자 내 전자의 양자 상태 에너지를 계산하고, 빛의 방출이 원자 내 전자의 처음 상태와 마지막 상태 사이의 에너지차와 동일한 크기의 에너지를 갖는 광양자를 방출하는 과정이라 해석했다. 보어는 자신의 계산에 의해서 수소 및 더 무거운 몇몇 원소의 스펙트럼선을 매우 자세히 설명할 수 있었다. 선 스펙트럼의 문제는 수십 년간 분광학자에게는 풀 수 없는 수수께끼였다. 원자에 관한 양자론을 다룬 보어의 첫 논문은 그 후 급격한 발전을 이룩했다. 10년 내로 여러 나라의 이론물리학자와 실험물리학자의 협력과 노력으로 여러 원자에 관한 광학적, 자기적, 화학적 성질이 매우 자세하게 알려지게 되었다.

그러나 해가 지나감에 따라 보어의 이론이 완전한 이론은 아니라는 것이 차차 명백해졌다. 예를 들면 전자가 한 양자 상태로부터 다른 양자 상태로 전이하는 과정은 설명할 수 없었다. 또 광학적 스펙트럼의 여러 선의 세기도 계산해낼 수 없었다.

1925년 프랑스의 물리학자 **루이 드 브로이**는 보어의 양자궤도에 관해 예상 밖의 해석을 한 연구 논문을 발표했다. 드 브로이에 의하면 전자의 운동은 어떤 신비스러운 **파일럿파**(Pilot Wave)에 의해서 지배되며 이 파일럿파의 전파 속도와 파장은 문제가 된 전자 속도에 관계된다. 이 파일럿파의 파장이 전자 속도에 반비례한다고 가정함으로써 드 브로이는 수소 원자의 보어모형에서 여러 양자궤도는 **정수** 개의 파일럿파만을 수용하는 궤도임을 밝혔다. 그리하여 원자모형은 하나의 기본음(원자로 말하면 가장 낮은 에너지를 갖는 가장 안쪽에 있는 궤도에 해당)과 여러 개의 배음(높은 에너지를 갖는 외곽 궤도)을 갖는 일종의 악기와 비슷하다는 것이다. 이 논문이 발표된 다음 해에 드 브로이의 생각은 오스트리아의 물리학자 **에르빈 슈뢰딩거**(Erwin Schrodinger, 1887~1961, 1933년 노벨물리학상 수상)에 의해서 좀 더 정확한 수학적 형식으로 발전되었다. 이 이론은 오늘날 **파동역학**(Wave Mechanics)이라 불리고 있다. 파동역학은 보어의 이론으로 이미 설명할 수 있었던 모든 원자 현상과 선 스펙트럼의 세기 등과 같이 보어의 이론으로는 설명할 수 없었던 현상까지도 설명할 수 있었다. 한 걸음 더 나아가 파동역학은 고전역학은 물론 플랑크-보어의 이론으로는 상상조차 할 수 없었던 새로운 현상(전자선의 회절 같은)마저도 예언할 수 있었다. 사실 파동역학은 원자에 관한 모든 현상에 대한 완전하고도 수미일관한 이론으로서 1920년대 말에 가서는 방사성 붕괴나 원자핵의 인공변환 현상까지도 설명할 수 있다는 것이 명백해졌다.

파동역학에 관한 슈뢰딩거의 연구 논문과 거의 때를 같이하여 독일의 젊은 과학자 **W. 하이젠베르크**의 연구 논문이 발표되었다. 하이젠베르크는 양자론의 문제를 이른바 〈비교환의 대수(Non-Commutative Algebra)〉를 써서 전개했다. 이 대수에서는 곱셈 $a \times b$와 $b \times a$가 반드시 같지는 않다. 독일의 서로 다른 두 학술지[Annalender Physik(물리학년보)와 Physikalische Zeitschrift(물리학잡지)]에 거의 동시에 발표된 슈뢰딩거와 하이젠베르크의 논문은 이론물리학 세계를 놀라게 했다. 이 두 논문은 어느 부분을 따져도 완전히 다르게 보였으나 원자의 구조나 스펙트럼에 관해서는 완전히 동일한 결과를 이끌어내고 있다. 이 두 이론은 수학적 표현만 다를 뿐 물리학적 내용은 동일하다는 것이 밝혀지기까지 1년 이상 걸렸다. 그것은 마치 콜럼버스(Christopher Columbus, 1451~1506)가 대서양의 서쪽을 계속 항해하다가 아메리카를 발견한 것과 같은 정도로 용감한 일본인이 태평양의 동쪽을 항해해서 마침내 아메리카를 발견했다고 하는 것이나 다를 바 없었다.

그러나 양자론의 영광 속에는 명백한 결점이 하나 남아 있었다. 만약 역학체계를 양자화하려 든다면 속도가 매우 큰(광속에 가까운) 입자의 운동을 논할 때는 아무래도 상대성이론을 써야 하기 때문에 난처했다. 상대성이론과 양자론을 융합시키려는 여러 시도는 모두 실패했다. 그러다가 1929년에 가서야 영국의 물리학자 **P. A. M. 디랙**에 의해서 유명한 **상대론적 파동방정식**(Relativistic Wave Equation)이 발표되었다. 이 방정식을 통해 광속에 가까운 속도로 운동하고 있는 원자 내 전자의 운동이 완전히 기술되었을 뿐만 아니라 덤으로 전자의 선운동량, 궤도각운동량 및 자기모멘트까지 설명할 수 있게 되었다. 디랙은 이 방정식을 취급할 때 부딪치는 형식적인 어려움을 피하기 위해 보통의 음전하를 갖는 전자 외에 **양전하를 갖는 반전자가 존재해야 한다**고 제안했다. 수년 후 그의 예언은 우주선 속에서 발견된 반전자에 의해 실증되었다. 오늘날 **반입자** 이론은 전자 이외의 소립자에도 확장되어 반양성자, 반중성자, 반중간자 등등이 발견되고 있다.

이리하여 1930년까지, 즉 플랑크에 의한 중대한 발표가 있은 지 불과 30년 뒤에 양자론은 오늘날 우리가 잘 알고 있는 형태로 발전하였다. 이 세상을 깜짝 놀라게 한 30년간의 발전이 있은 후에 수십 년간은 별로 이렇다 할 이론적 진보가 없었다. 한편 최근에는 실험적인 연구 분야에서 매우 수확이 많았다. 특히 새로 발견된 수없이 많은 소립자 연구가 그렇다. 우리는 아직 소립자의 존재 그 자체를 이해하지 못하고 있으며 그 질량, 전하, 자기모멘트 및 그들 사이의 상호작용을 이해하는 데 방해가 되는 벽이 뚫릴 날을 기다리고 있다. 그날이 오면 오늘날의 개념과 고전물리학의 개념이 다른 것과 같이, 새 이론에 포함될 개념은 오늘날의 개념과 달라지리라는 것은 의심할 바 없다.

다음의 여러 장에서 에너지와 물질의 양자론이 어떻게 자라났는가를 폭풍우와 같은 30년간의 발전을 통해서 기술하고자 한다. 특히 그 〈그립고 좋았던(Good Old)〉 고전물리학과 20세기에 출생한 새 물리학 사이의 개념적인 차이점을 강조하고 싶다.

1장

M. 플랑크와 광양자

빛이 무엇인가 띄엄띄엄 떨어져 있는 에너지값을 갖는 덩어리로서만 흡수되기도 하고 방출되기도 한다는 막스 플랑크(Max Planck, 1858~1947, 1918년 노벨물리학상 수상)의 혁명적인 학설은 볼츠만(Ludwig Boltzmann, 1844~1906), 맥스웰(James Clerk Maxwell, 1831~1879), 윌러드 기브스(Josiah Willard Gibbs, 1839~1903) 등 여러 사람이 오래전에 규명한 물체의 열적 성질의 통계역학적 연구에 그 근원을 두고 있다. 열의 운동학적 이론에 의하면 열이란 모든 물질을 구성하는 막대한 분자들의 무질서한 운동에 기인한다고 생각되었다.

열적인 운동을 하고 있는 입자의 운동을 하나하나 추적한다는 것은 불가능하므로(무의미하기도 하다), 열적 현상을 수학적으로 다루기 위해서는 아무래도 통계학적인 방법을 쓰는 수밖에 없다. 정부의 경제 담당관이 어느 마을의 농부 김갑동 씨가 몇 마지기의 밭에 얼마의 씨를 뿌렸으며, 몇 마리의 돼지를 기른다는 정보를 정확히 아는 데 별 신경을 쓰지 않는 것과 마찬가지로 물리학자들도 수없이 많은 분자로 되어 있는 기체 중 어느 하나의 특정한 분자의 위치나 속도를 따지지는 않는다. 한 나라의 경제 또는 기체의 거시적 성질에 관해 중요한 것은 수없이 많은 농부나 분자에 관한 평균값뿐이다.

제멋대로 운동하고 있는 개개의 입자의 집단에 대한 물리학적 성질의 평균값을 연구하는 학문을 **통계역학**(Statistical Mechanics)이라 한다. 그 기본 법칙의 하나는 이른바 **등분배법칙**(Equipartition Theorem)으로서 뉴턴역학의 법칙에서 수학적으로 유도될 수 있는 것이며 다음과 같다.

상호작용에 의해서 서로 에너지를 교환하고 있는 수많은 입자로

이루어진 집단의 총 에너지는 모든 입자에(평균을 냈을 때) 균등하게 분배된다. 산소 또는 네온만으로 된 순수한 기체에서처럼 기체 안의 입자가 모두 동일할 때에는 어느 입자나 평균적으로 동일한 속도와 동일한 운동에너지를 갖게 될 것이다. 이때, 총 에너지를 E, 입자의 총수를 N이라 한다면 입자 하나당 평균 에너지는 E/N가 됨을 알 수 있다. 두 가지 또는 여러 종류의 기체의 혼합물에서처럼 여러 종류의 입자가 있을 때는 무거운 분자일수록 속도는 늦어지므로 그 운동에너지(질량과 속도의 제곱에 각각 비례)는 평균적으로 말해 더 가벼운 분자의 평균 에너지와 같아질 것이다.

하나의 예로 수소와 산소의 혼합기체를 생각해 보자. 산소 분자는 수소 분자의 16배의 질량을 갖고 있으므로 그 평균 속도는 수소의 비해서 $\sqrt{16} = 4$배로 작아진다.*

수많은 입자로 이루어진 집단 안의 각 분자에 분배되는 **평균 에너지**는 등분배법칙에 의해 결정되지만, 각 분자가 갖는 실제 속도와 에너지는 평균값으로부터 벗어나도 무방하다. 이 현상은 **통계적 요동**(Statistical Fluctuations)으로 알려져 있다. 이 요동은 수학적으로 취급될 수 있으며, 온도만 주어진다면 상대적으로 몇 개의 입자가 평균보다 크거나 작은 속도를 갖는가를 알려주는 곡선으로 표시할 수 있다. 〈그림 1〉에는 맥스웰에 의해 처음으로 계산되었고, 그런 이유로 그의 이름을 붙여 부르는 맥스웰 분포곡선이 세 온도에 대해 그려져 있다. 분자의 열적 운동을 연구하는 데 상용된 통계적 방법이 물체의 열적 성

---

*운동에너지는 (질량)×(속도)^{2}으로 주어지므로 질량이 16배가 되고 속도가 1/4이 되면 곱의 값은 변하지 않는다. 사실 4^2=16이다!

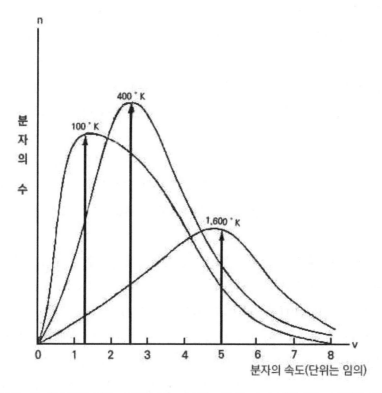

〈그림 1〉 맥스웰의 분포. 절대온도는 100°, 400°, 1600°를 갖는 기체에 대
　　　하여 (속도 v를 갖는 분자 수) 대 (분자 속도)의 관계를 나타내는
　　　그림이 그려져 있다. 기체를 담은 그릇에 들어 있는 분자 수는 일정
　　　하므로 세 곡선의 밑에 있는 넓이는 일정하다. 분자의 평균 속도는
　　　절대온도의 제곱근에 비례해서 커진다

질, 그중에서도 특히 기체의 열적 성질을 설명하는 데 크게 성
공했던 까닭은 기체의 경우 액체나 고체에서처럼 분자가 꽉 차
있는 것이 아니라 공간 안을 자유롭게 돌아다닐 수 있어 이론
이 훨씬 간단해지기 때문이다.

통계역학과 열복사

19세기가 끝날 무렵 영국의 레일리 경(Lord. Rayleigh, John William, 1842~1919)과 제임스 진스 경(Sir. James Hopwood Jeans, 1877~1946)은 통계적 방법이 물체의 열적 성질을 이해하는 데 큰 도움을 주었으므로 이 방법을 열복사의 문제 해결에 확장하려 했다. 모든 물체는 가열되면 여러 가지 파장을 갖는 전자기파를 방출한다. 비교적 낮은 온도—예컨대 물의 끓는점—에서는 보다 긴 파장의 복사가 주가 된다. 이 범위 안의 파장을 갖는 복사파는 사람의 눈에는 보이지 않지만 피부에는 흡수되어 따뜻한 느낌을 주기 때문에 열 또는 **적외선복사**(Infrared Radiation)라 불린다. 온도가 올라가 600°C(전기화덕 가열판의 온도)가 되면 희미한 붉은빛이 보이기 시작한다. 백열전구 필라멘트의 온도인 2,000°C 정도가 되면 밝은 백색광이 방출되어 빨강부터 보라까지 모든 **가시광선 스펙트럼**(Visible Radiation Specturm) 파장을 포함하게 된다. 온도가 더 올라가 4,000°C의 전기아크등이 되면 눈에는 보이지 않는 **자외선**(Ultraviolet Radiation)이 대량 방출되고, 그 세기는 온도 상승과 더불어 급격히 커진다. 어느 온도에서건 그 세기가 최고가 되는 지배적인 진동수가 있는데, 이 진동수의 크기는 온도가 올라감에 따라 높아진다. 이와 같은 상황은 〈그림 2〉에 그래프로 그려 놓았는데, 이 그림에는 세 개의 서로 다른 온도에 대한 스펙트럼 세기의 분포가 그려져 있다.

〈그림 1〉과 〈그림 2〉를 비교해 보면 상당히 닮아 있다는 것을 알 수 있다. 〈그림 1〉에서는 온도가 올라감에 따라 곡선의 극대점이 큰 분자 속도 쪽으로 이동해 가는 데 비해서 〈그림

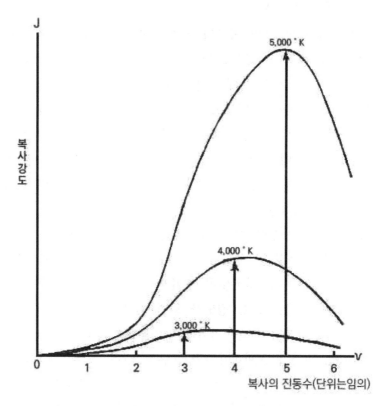

〈그림 2〉 진동수(ν)에 대한 복사의 세기의 분포(관측값)를 진동수 ν에 대해서 그린 그림. 단위부피 안에 포함되어 있는 복사에너지는 절대온도 T 의 4제곱에 비례하므로 분포곡선 밑의 넓이는 온도 증가에 따라 커 진다. 극대의 세기를 갖는 진동수의 크기는 절대온도에 비례해서 커 진다

2〉에서는 온도가 올라감에 따라 곡선의 극대점이 높은 진동수 쪽으로 이동해 간다. 이 유사성에 힘입어 레일리와 진스는 기 체의 경우에 성공을 거두었던 등분배법칙을 열복사에도 적용시 키려 했다. 즉, 복사의 총 에너지는 가능한 모든 진동수 사이에

균등히 분배된다고 가정했다. 그러나 실제로 그렇게 해 보니 엄청난 결과가 얻어졌다! 분자로 되어 있는 기체와 전자기적 진동으로 되어 있는 열복사는 모든 점에서 닮은 데가 많지만 단 한 가지 큰 차이점이 있었다. 그것은 일정한 크기의 그릇 안에 들어 있는 기체 분자의 수가 수없이 많다고는 하지만 따지고 보면 유한개밖에 안 되는 데 비해서 전자기적인 진동수는 무한개나 있다는 사실이다. 이것을 이해하기 위해서는 입방체의 그릇 안에 생기는 파동의 모양은 그릇 벽에 마디를 갖는 여러 정상파(Standing Wave)의 중첩으로 되어 있다는 사실을 상기하기 바란다. 더 간단한 1차원의 파동, 예컨대 양 끝이 고정된 현의 진동 같은 것을 생각해 보면 쉽게 눈에 보이게 할 수 있다. 현의 양 끝은 고정되어 있으므로 진동은 〈그림 3〉에 표시된 것만 가능하다. 음악 용어를 쓴다면 이 진동들은 기본 음 및 여러 배음(Overtone)에 해당한다. 이들은 각각 현의 전장 안에 하나의 반파(半破), 2개의 반파, 3개의 반파, 10개의 반파, 100개의 반파, 1,000개의 반파, 만 개의 반파, 억 개의 반파, 조 개의 반파 등 임의의 수의 반파에 해당하며 각 배음의 진동수는 기본음(하나의 반파를 갖는 경우에 해당)의 2배, 3배, 10배, 100배, 1,000배, 10,000배, 억 배, 조 배 등이다.

3차원의 그릇, 예컨대 입방체 안에 들어 있는 정상파에 대해서도 더욱 복잡해지기는 하나 사정은 비슷하며, 더 많은 파장과 더 높은 진동수를 갖는 여러 진동이 수없이 존재한다. 그런 까닭에 E를 그릇 안에 있는 복사에너지의 총 에너지라 한다면 분배법칙에 따라 개개의 진동은 E/∞, 즉 무한소의 에너지를 분배받는다. 이 결론이 모순이라는 것은 명백한 일이지만 다음

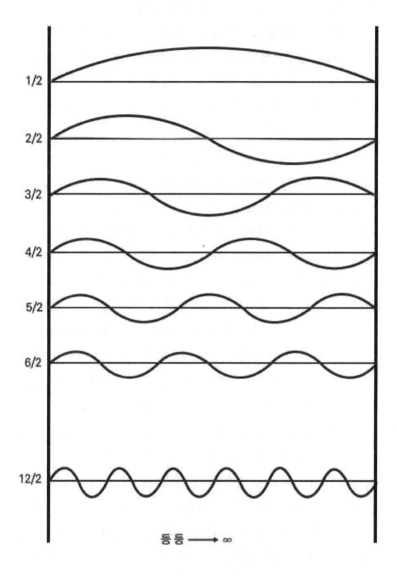

〈그림 3〉 1차원의 연속체(예컨대 바이올린의 현)의 경우의 기본음과 그 배음

논의를 통해 그 모순성이 한층 더 분명히 밝혀질 것이다.

입방체의 그릇이 있다 하고 이 그릇의 안쪽 벽은 빛을 100% 반사시키는 이상적인 거울로 되어 있다고 하자. 이런 그릇을 〈진스의 입방체(Jeans's Cube)〉라 부른다. 물론 이런 거울이란 존재하지도 않으며 만들어 낼 수도 없다. 왜냐하면 아무리 좋은 거울이라도 매우 적은 부분이긴 하지만 입사광의 일부는 흡수돼 버리기 때문이다. 그러나 이론상 이상적인 거울의 개념을 **생각**할 수는 있다. 이상적인 거울과 마찰 없는 표면, 무게 없는 막대 등을 써서 실험한다면 어떤 결과가 나올지 생각해 보는 방법을 〈사고실험(Thought Experiment, 원어인 독일어로는 Gedankenexperiment)〉이라 부르며 이론물리학의 여러 분야에서 사용하고 있다. 진스의 입방체에 조그마한 구멍을 뚫어 놓고 빛을 비춘 다음 이상적인 셔터를 달아 준다면 빛은 이상적인 거울에 의해 이리저리 반사되면서 언제까지나 입방체 안에 머물러 있게 될 것이다. 한참 후에 셔터를 열어 주면 새어 나오는 한 줄기의 빛을 관측하게 될 것이다. 여기까지의 이야기는 기체를 밀폐된 그릇에 가두었다가 다시 내보내는 것과 원리적으로 동일하다. 유리그릇에 들어 있는 수소 기체는 이상적인 예의 하나로 언제까지나 그릇 안에 머물러 있을 것이다. 그러나 수소는 팔라듐(Palladium) 금속으로 된 그릇에 오래 머물러 있지 못한다. 왜냐하면 수소 분자는 이 물질 안에 쉽게 확산되어 지나가 버리기 때문이다. 또 유리벽과 화학반응을 일으키는 플루오린화수소산을 유리그릇 안에 넣어둘 수도 없다. 그러므로 이상적인 거울 벽을 갖는 진스의 입방체란 그렇게 터무니없는 것도 아니다.

32

그러나 그릇 안에 들어 있는 기체와 복사 사이에는 한 가지 차이가 있다. 분자는 수학적인 점이 아니고 유한한 크기를 갖고 있기 때문에 수많은 충돌을 하고 서로 에너지를 교환한다. 따라서 뜨거운 기체와 찬 기체를 같은 그릇에 넣어 주면 이 분자들은 서로 충돌하여 빠른 분자는 느려지고, 느린 분자는 빨라져 결국 등분배법칙에 따라 에너지가 균등해진다. 자연계에는 물론 존재하지 않지만 수학적 점으로 되어 있는 이상기체(Ideal Gas)의 경우에는 분자 상호 간의 충돌이란 있을 수 없고, 따라서 뜨거운 부분의 분자는 뜨거운 채, 찬 부분의 분자는 차가운 채로 남아 있을 것이다. 그러나 그릇 안에 작기는 하지만 몇 개의 유한한 크기의 직경을 갖는 입자(브라운 입자)를 넣어 주면 이상기체의 분자 사이에 에너지 교환이 일어난다. 브라운 입자와 충돌함으로써 빠른 속도를 갖는 점상의 분자는 갖고 있는 에너지의 일부를 브라운 입자에 넘겨주고 브라운 입자는 다시 그것을 느린 속도의 점상 분자에 넘겨준다.

광파의 경우 사정은 좀 달라져서 광선은 부딪쳐도 그 진행에 아무런 영향도 미치지 않는다.* 그래서 여러 가지 파장을 갖는 정상파 사이에 에너지를 교환시키기 위해서는 가능한 모든 파장의 파동을 흡수하고 재방출하기도 하는 조그마한 물체를 그릇에 넣어 주어야만 한다. 이렇게 함으로써 모든 진동 사이의 에너지 교환이 가능해진다. 목탄 같은 보통의 흑체는 최소한

---

*이 절에서의 논의를 이해하는 데 필요한 것 이상의 지식을 가진 독자들로부터 이의가 제기되면 곤란하므로 우선 다음 사실을 주의해 두기로 한다. 현대의 양자전기역학(Quantum Electrodynamics)에 의하면 가상적인 전자, 양전자의 쌍생성 과정을 통해 빛과 빛이 서로 산란될 것이 예상된다. 그러나 진스와 프랑크는 이 사실을 알 리 없었다.

〈그림 4〉 초음파 영역으로부터 무한대의 진동수에 이르기까지 수많은 키를 갖는 피아노. 피아니스트에 의해서 낮은 진동수의 키에 주어진 에너지는 등분배법칙에 의해서 가청 영역에서 빠져나와 초음파 영역으로 이동해 버린다

가시광선의 스펙트럼 영역에서 이와 같은 성질을 갖고 있다. 이상적인 경우로 가능한 모든 파장에 대해서 이런 성질을 갖는 〈이상흑체(Ideal Black Body)〉를 상상할 수 있다. 이상적인 석탄가루 입자 몇 개만이라도 진스의 입방체에 넣어 준다면 에너지 교환의 문제는 해결된다.

이제 우리는 사고실험을 해 보기로 하자. 아무것도 들어 있지 않은 진스의 입방체 안에 주어진 파장의 복사, 예를 들어 빨간색의 빛을 넣어주자. 그러면 즉시 입방체 안에는 빨간빛의 정상파가 벽에서 벽까지 퍼져 있게 되는 반면, 모든 다른 진동은 나타나지 않을 것이다. 이 결과는 마치 그랜드 피아노의 키 하나를 때렸을 때와 사정이 같다. 실제로도 그렇듯 만약 피아노의 여러 현 사이에 에너지 교환이 거의 없다면 처음 현에 주어진 에너지가 감쇠되어 없어질 때까지 그 키의 소리는 계속 울릴 것이다. 그러한 현이 매달려 있는 틀을 통해 에너지가 현으로부터 새어 나간다고 한다면 다른 현도 진동을 시작하게 되고, 결국 88개의 키가 모두 처음에 주어진 에너지의 1/88의 에너지를 갖게 될 것이다.

그러나 피아노로 진스의 입방체를 어느 정도 올바르게 표현하고자 한다면 피아노의 오른쪽 초음파 방향으로 한없이 많은 키를 나열해 놓아야 한다(그림 4). 이 피아노의 낮은 진동수를 갖는 가청 영역의 현에 주어진 에너지는 오른쪽으로 전달되어 높은 진동수의 영역으로 넘어가 마침내 무한히 떨어진 초음파 영역 속으로 꺼지고 만다. 이와 같은 피아노로 음악을 연주한다면 날카로운 금속의 음이 되어버릴 것이다.

마찬가지로 **진스의 입방체에 입사된 빨간빛의 에너지는 파랑, 보라, 적외선, X선, γ선 등의 에너지가 될 것이다.** 우리에게 친근감을 주는 난롯불의 타고 남은 숯덩이에서 나오는 빨간빛이 순식간에 핵분열에 의해서나 생길 위험한 고진동(高震動)의 복사로 바뀐다면 난로 앞에 앉는다는 것은 정말 무모한 일이 될 것이다.

에너지가 높은 진동수의 음역으로 바뀐다고 해도 연주회의 피아니스트에게는 사실상 아무런 위험도 미치지 않는다. 그 이유는 오른쪽 끝에서 피아노의 키가 제한된다는 사실도 있지만, 그보다도 앞서 말한 바와 같이 각 현의 진동은 감쇠가 빨라서 그 옆의 현으로 에너지가 전달될 틈이 없기 때문이다. 그러나 복사에너지의 경우 사정은 매우 심각해져서, 만약 등분배법칙이 꼭 성립해야 한다면 뚜껑을 열어젖힌 보일러는 훌륭한 X선원, γ선원이 되어 버렸을 것이다.

명백히 19세기 물리학의 의론 중에서 무엇인가 잘못돼 있으며, 이론적으로는 예상되나 실제로는 절대로 일어난 일이 없는 자외선 차단(Ultraviolet Catastrophe)을 피하기 위해서 무엇인가 굉장한 변혁이 있어야 한다.

막스 플랑크와 에너지양자

복사열역학(Radiation Thermodynamics)의 문제는 막스 플랑크에 의해서 해결되었다. 그 자신은 틀림없는 100% 고전물리학자였지만(그렇다고 그를 비난할 수는 없다) 현대물리학을 창시한 것도 바로 그였다. 세기가 바뀌는 1900년 12월 14일 독일물리학회의 한 모임에서 플랑크는 열복사에 관한 그의 착상을 발표했다. 이 착상은 너무나 새롭고 진기해서 플랑크 자신조차 믿기 어려운 것이었지만 청중과 전 물리학계에 커다란 흥분을 자아냈다.

막스 플랑크는 1858년 킬(Kiel)에서 태어났으며 후에 가족과 함께 뮌헨(Munich, münchen)으로 이사했다. 그는 뮌헨에서 막시밀리안 고등학교(Maximilian Gymnasium)에 다녔고 졸업후 뮌헨대학에 들어가 3년간 물리학을 배웠다. 이듬해 베를린대학에서 당시의 대물리학자인 헤르만 폰 헬름홀츠(Hermann Ludwig Ferdinand von Helmholtz, 1821~1894), 구스타프 키르히호프(Gustav Robert Kirchhoff, 1824~1887), 루돌프 클라우지우스

(Rudolf Julius Emmanuel Clausius, 1822~1888)와 알게 되고,
전문용어로 열역학이라 불리는 열의 이론에 관해서 여러 가지
를 배웠다. 뮌헨에 돌아와 열역학제2법칙에 관한 학위 논문을
제출하여 1879년 박사 학위를 받고 동 대학의 시간강사가 되
었다. 6년 후 그는 킬대학 부교수의 지위를 얻었으며 1889년
에 베를린대학으로 옮겨 부교수로 부임했고 1892년에는 정교
수가 되었다. 이 정교수의 자리는 당시 독일에서는 학자로서
최고의 지위였는데, 그는 70세가 되어 정년퇴직할 때까지 이 자
리에 머물러 있었다. 그 후 그는 90세 가까이 가서 서거할 때까
지 학술 활동을 계속했으며 공개 강연 등을 하였다. 그가 저술
한 마지막 두 책인 『과학적 자서전(A Scientific Autobiography,
Wissenschaftliche Selbstbiographie)』과 『물리학에서의 인과성의 개
념(The Notion of Causality in Physics, Der Kausalbegriff in
der Physik)』은 1947년 그가 세상을 떠나던 해에 출판되었다.

플랑크는 그가 살고 있었던 시대의 전형적인 독일 교수였다.
근엄하고 약간 깐깐한 면이 있었으나 따뜻한 인정미도 지니고
있었다. 이 사실은 닐스 보어의 연구에 뒤따라 양자이론을 원자
구조에 적용한 아르놀트 조머펠트(Arnold Johannes Wilhelm
Sommerfeld, 1868~1951)와의 편지를 통해서 엿볼 수 있다. 양
자는 플랑크가 고안해낸 개념이란 점을 언급하고 조머펠트는
그에게 다음과 같은 글귀를 써 보냈다.

처녀지를 갈아 놓은 것은 **선생**이시고

제가 애쓴 것은 오직 꽃을 딴 것뿐.

플랑크는 이에 답해서

그대는 꽃을 땄고, **나** 또한 꽃을 땄네.

그렇다면 그 꽃을 서로 이어보세.

우리들의 꽃을 서로 바꾸어서

빛나는 꽃 고리를 만들어보세.*

과학에 관한 여러 공로로 막스 플랑크는 수많은 학문적 영예를 얻었다. 1894년에는 프로이센 과학 아카데미의 회원이 되었고, 1926년에는 영국 런던 왕립학회(Royal Society)의 외국 회원으로 뽑혔다. 천문학에서 별다른 공헌이 없었는데도 새로 발견된 소행성 중 하나는 그를 기념하여 플랑키아나(Planckiana)라 명명되었다.**

긴 일생을 통해서 막스 플랑크의 흥미는 주로 열역학의 여러 문제에 있었다. 발표된 여러 연구 논문들은 모두 중요한 것들로서 34세로 베를린대학의 정교수라는 명예스러운 자리에 취임하는 데 충분하였다. 그러나 과학사에서 엄청난 업적인 **에너지 양자**를 발견(그 업적으로 그는 1918년 노벨물리학상을 받았다)한 것은 꽤 늦은 42세 때의 일이다. 보통의 직업에서라면 42세란 한 사람의 일생에서 그리 늦은 것은 아니지만, 이론물리학자의 경우 가장 중요한 일들이 25세 전후에 수행되기 때문이다. 이 나이 또래가 되면 기존의 물리학을 충분히 배웠지만 감수성이

---

*M. 플랑크, 『과학적 자서전』
**역자 주: 이 밖에도 플랑크는 여러 영예를 얻었다. 그는 1928년 베를린 대학을 정년퇴직한 후에 명예교수로 임명되었다. 1930년에는 유명한 카이저 빌헬름 과학진흥협회(Kaiser Wilhelm Gesellschaft zur Förderung der Wissenschaften) 2대 회장으로 선출되었다. 이 협회는 그의 사후 그의 이름을 따서 막스 플랑크 과학진흥협회라 불리게 되었다.

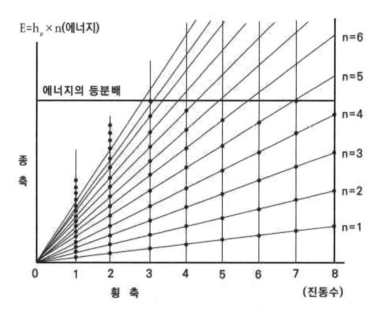

〈그림 5〉 플랑크의 가정에 따라 각 진동수(ν)에 대응하는 에너지가 $h\nu$의 정수배가 되어야 한다면 앞의 그림과는 물리학적 사정이 전혀 달라진다. 가령 $\nu=4$일 때 가능한 진동 상태는 8개인데 비해, $\nu=8$일 때는 4개만이 가능하다. 이 제한에 의해 높은 진동수에 대해 허용될 진동수는 적어져서 진스의 역설은 해제된다

유연한 까닭에 신선하고 대담한, 혁명적인 발상을 할 수 있는 것이다.

가령 아이작 뉴턴이 만유인력의 법칙을 착상한 것은 23세, 알버트 아인슈타인이 상대성이론을 세운 것은 26세, 닐스 보어가 원자이론을 발표한 것은 27세 때이다. 미흡하기는 하지만 이 책의 저자도 그의 가장 중요한 일, 즉 원자핵의 자연변환 및 인공변환에 관한 논문을 발표한 것이 24세 때였다. 열복사

에 관한 연구 논문 발표에서 플랑크는 **만약 빛을 포함해서 전자 기파의 에너지가 무엇인가 띄엄띄엄 떨어져 있는 덩어리 형태, 즉 에너지양자로서만 존재할 수 있으며, 이 에너지양자의 에너지 크기 는 대응하는 진동수에 비례한다고 가정한다면** 약간 복잡한 계산을 해 본 결과, 레일리-진스의 역설은 제거될 수 있으며 자외선 파탄의 문제도 해결될 수 있다고 논술하였다.

통계물리학 분야에 관한 이론적 고찰은 매우 힘들다. 그러나 〈그림 5〉를 보면 플랑크의 가설이 어떤 방식으로 스펙트럼의 한없이 높은 진동수 영역으로 누출되는 에너지를 막아 낼 수 있는가를 짐작할 수 있을 것이다.

이 그래프에서 〈1차원〉의 진스의 입방체(역자 주: 선분을 말함) 안에서 허용될 진동수는 횡축에 임의 단위로 1, 2, 3, 4 등으 로 눈금이 매겨져 있으며, 종축에는 이 각각의 진동수에 할당 될 에너지의 눈금이 그어져 있다. 고전물리학에 따르면 진동의 에너지는 어떤 값이라도 허용되므로(즉, 횡축의 점 1, 2, 3 등으 로부터 그은 세로선상의 점이라면 어디라도 무방) 분포는 가능한 모 든 진동수에 대해서 통계적으로 등분배가 된다. 한편 플랑크의 가설에 의하면 진동의 에너지는 연속이 아니고 띄엄띄엄 떨어 져 있는 에너지값만이 허용되며, 그 값은 주어진 진동수의 고 유한 에너지양자의 1, 2, 3배 등이 된다. 이 에너지양자의 크 기는 진동수에 비례한다고 가정했으므로 〈그림 5〉에서 까만 점 이 허용될 에너지값이 된다. 진동수가 높으면 높을수록 허용될 에너지값의 수효도 작아진다. 그 결과 높은 진동수를 갖는 진 동이 여분의 에너지를 갖게 될 가능성이 제한된다. 결국 높은 진동수를 갖는 진동의 수는 무한히 많을지 모르나 그들이 가질

에너지의 양은 유한한 크기가 되어 모든 것이 잘 해결된다.

「통계란 거짓, 죄 없는 거짓」이란 말이 있지만 플랑크의 계산에 의하면 통계는 거의 진실에 가까웠다. 그가 얻은 열복사에너지 분포의 이론적 공식은 〈그림 2〉에 표시한 관측값과 완전한 일치를 보이고 있다. 레일리-진스의 공식은 큰 진동수에 대해 높이 솟아올라* 계(系)의 총 에너지는 무한대가 되지민, 플랑크의 공식은 높은 진동수에 대해서는 강도가 줄어들어 곡선의 모양은 관측된 곡선과 완전히 일치한다. 플랑크의 가정, 즉 복사의 양자 에너지값이 진동수에 비례한다는 가정은 수식으로

$$E = h\nu$$

라 쓸 수 있다. 여기서 ν는 진동수, h는 보편적 상수로서 **플랑크상수**(Planck's Constant) 또는 **양자상수**라 불린다. 플랑크의 이론적 곡선이 관측된 곡선과 일치하기 위해서는 h로서 6.625 $\times 10^{-27}$(c. g. s. 단위계)의 값을 갖게 하면 된다.**

이 상수의 값이 작은 까닭에 일상생활에서처럼 큰 척도의 현

---

*역자 주: 주어진 진동수(ν)에 대응하는 에너지밀도(단위부피당 단위진동수 폭당의 에너지)를 U_ν라 할 때 레일리-진스의 복사 공식은

$$U_\nu^p = \frac{8\nu\pi^2}{c^3} \cdot \frac{h\nu}{e^{\frac{h\nu}{kr}} - 1}$$ 이 된다. 단, 이 공식에서 C=진공에서의 빛의 속도,

h=플랑크의 작용양자(플랑크상수), k=볼츠만의 상수=1.38×10^{-16}erg/(C°·몰) 따라서 ν가 ∞로 커질 때, U_ν^{RJ}는 ∞가 되지만 U_ν^p는 0이 된다.
**양자상수(h)의 물리적 차원(Dimension)은 에너지와 시간의 곱, 즉 c. g. s 단위계로 erg·sec이다. 고전역학에서 이와 같은 물리량은 작용(Action)으로 알려져 있다. 작용은 해밀턴(William Rowan Hamilton, 1805~1865) 및 모페르튀의 최소작용의 원리 등 물리학상 중요한 고찰에 나타내는 개념이다.

상에서 양자론은 전혀 중요성을 띠지 않게 되며 원자 척도의
세계에서 일어나는 과정을 연구할 때 비로소 중요해진다.

광전자와 광전 효과

진스의 입방체라는 요술병으로부터 양자라는 요물 딱지를 끄
집어낸 플랑크는 몹시 겁이 났다. 그래서 그는 에너지 덩어리
를 광파 자체의 성질로 돌리려 하지 않고 빛을 덩어리 형식으
로만 방출 또는 흡수할 수 있는 원자의 내부 성질로 돌리려 했
다. 즉, 복사란 버터와 같아서(그 버터가 한 분자보다는 크다면)
어떤 크기의 양(量)으로도 존재할 수 있지만, 식료품점에서는
1/4파운드로 포장된 크기로만 사고팔 수 있다는 것과 비슷하다
는 것이다. 플랑크의 제안이 있은 지 불과 5년 후에 광양자는
원자에 의한 방출이나 흡수와는 관계없이 그 자체만으로도 존
재하는 물리적인 실재로 확립되었다. 이 사실은 알버트 아인슈
타인의 상대성이론에 관한 논문이 발표된 해와 같은 해인
1905년에 발표된 그의 또 다른 논문에서 이루어졌다. 아인슈
타인은 광전 효과, 즉 보라색의 빛 또는 자외선을 금속 표면에
쪼여 줄 때 금속 표면으로부터 전자가 튀어나오는 현상의 경험
법칙을 설명하기 위해서는 공간을 자유롭게 날아다니는 광양자
의 존재가 필요하다는 것을 지적한 것이다.

광전 효과를 나타내는 간단한 장치가 〈그림 6〉의 (a)에 표시
되어 있는데, 이 장치는 음으로 대전된 보통의 검전기와 이것
에 연결되어 있는 잘 닦인 금속판으로 되어 있다. 보라색 빛과
자외선을 다량으로 방출하는 전기아크등으로부터 빛이 금속판
에 떨어지면 검전기가 방전됨에 따라 열렸던 은박이 점차 닫히

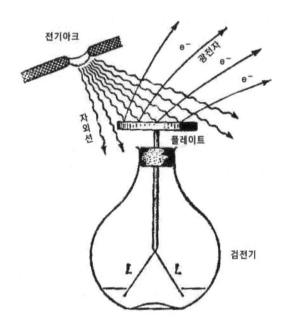

전기아크

e^- 광전자 e^-

e^-

e^-

자외선

플레이트

검전기

〈그림 6〉 광전 효과의 실험장치

(a) 광전 효과를 나타내 주는 소박한 방법. 전기아크로부
터 방출되는 자외선이 검전기(檢電器)에 붙어 있는 금
속판으로부터 전자를 두들겨 낸다. 음으로 대전되어
서로 반발하여 퍼져 있던 두 장의 얇은 은박은 이 결
과 음전기를 잃고 닫힌다

게 된다. 음의 전기를 갖는 입자(전자)가 금속판으로부터 방출된
다는 이 실험은 여러 물리학자들, 특히 미국의 물리학자 로버
트 밀리컨(Robert Andrew Millikan, 1868~1953, 1923년 노벨물
리학상 수상)에 의해서 거듭 확인되었다. 자외선을 흡수해 버리
는 유리판을 아크와 금속판 사이에 놓으면 전자는 튀어나오지
않으며 자외선의 작용이 전자 방출의 결정적인 원인임을 밝혀
준다. 광전 효과의 법칙을 자세히 연구하기 위한 더 정교한 장

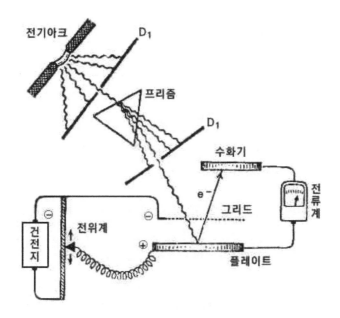

(b) 광전 효과를 나타내는 방법. 전기아크로부터 방출되는 자외선이 프리즘을 지나갈 때 단 하나의 진동수만이 선택돼 플레이트에 떨어진다. 프리즘을 회전시킴으로써 임의의 단색광을 골라 직접 플레이트 쪽으로 보낼 수 있다. 광전자의 에너지는 플레이트와 그리드 사이에 연결되어 있는 전위계에 의해 만들어진 전기력에 대항해서 플레이트로부터 리시버까지 이동하는 광전자의 이동도에 의해서 측정된다

치가 〈그림 6〉의 (b)에 그려져 있다. 이 장치에는

1. 자외선에 대해서 투명한 석영이나 플루오린화물로 된 프리즘과 특정한 파장의 단색광만을 골라낼 수 있는 슬릿

2. 복사의 세기를 바꾸기 위한 여러 가지 크기의 삼각창이 붙은 회전판 한 세트

3. 라디오에 사용되는 진공관과 비슷하게 생긴 진공용기. 광전자가 방출되는 플레이트 사이의 전위차가 전자볼트(Electron

Volt, 기호 eV)로 표시된 광전자의 운동에너지와 같거나 크면 장치 안에는 전류가 흐르지 않는다. 그러나 반대의 경우에는 전류가 흐르게 되며 그 크기의 세기나 파장(또는 진동수)을 갖는 빛이 입사하더라도 그때 튀어나오는 전자의 수와 운동에너지를 잴 수 있다.

여러 가지 금속에 관한 광전 효과를 연구한 결과는 다음과 같은 두 개의 간단한 법칙으로 요약할 수 있다.

Ⅰ. 진동수가 일정한 빛을 쬘 때 빛의 세기를 변화시켜도 광전자의 에너지는 변하지 않고 일정하다. 그러나 방출되는 광전자의 수는 빛의 세기에 비례한다(〈그림 7〉의 (a)).

Ⅱ. 입사광의 진동수를 증가시켜 갈 때 어떤 한계진동수(ν_0)에 도달하지 않는 한 광전자는 방출되지 않는다. 이 한계진동수는 금속마다 값이 다르다. 일단 이 진동수를 넘어가면 광전자의 에너지는 직선적으로 증가하며 입사광의 진동수와 그 금속의 한계진동수(ν_0)와의 차에 비례한다(〈그림 7〉의 (b)).

잘 알려져 있는 이 사실은 고전적인 빛의 이론에 의해서는 잘 설명되지 않았을 뿐만 아니라 때로는 그것과 모순되기까지 했다. 고전론에 의하면 빛은 짧은 파장을 갖는 전자기파이다. 따라서 빛의 세기가 증대한다는 것은 공간에 전달돼 나가는 진동하는 전기적(傳奇的), 자기적(滋氣的) 힘이 증대한다는 것을 뜻한다. 명백히 전자는 전기의 힘에 의해서 금속으로부터 쫓겨날 것이므로 그 에너지는 빛의 세기에 비례해서 커져야 하나 실제로는 변하지 않고 일정한 값을 유지한다. 또 빛의 고전적 전자기파 이론에 의하면 광전자의 에너지와 입사광의 진동수 사이에 비례관계가 성립할 아무런 이유도 발견할 수 없다.

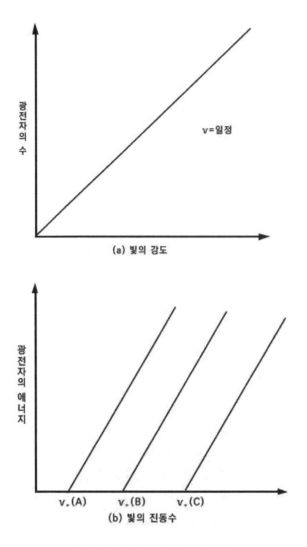

〈그림 7〉 광전 효과에 관한 법칙
(a) 광전자 수가 입사된 단색광의 진동수의 함수로 그려져 있다
(b) 광전자의 운동에너지가 세 개의 서로 다른 금속 A, B, C 각각에
　　 대하여 입사단색광의 진동수의 함수로 그려져 있다

광양자에 관한 플랑크의 생각과 광양자가 실제로 공간 속을 자유롭게 날아다니는 독립된 에너지 덩어리로서 존재한다는 가정을 써서 아인슈타인은 광전 효과에 관한 두 경험법칙을 완전히 설명해낼 수 있었다. 그는 광전 효과의 기본적과정이 한 개의 입사광양자가 금속 안에서 전류를 운반하는 전도전자와 충돌해서 생긴다고 생각했다. 이 충돌의 결과 광양자는 꺼지는 동시에 그가 갖고 있던 에너지를 전부 금속 표면에 있는 어느한 전자에 줘버린다. 그런데 이 전자가 금속 표면을 넘어서 자유 공간으로 튀어나가기 위해서는 금속 안의 이온에 의한 인력을 뿌리치고 나가기 위해 얼마간의 에너지를 써 버리지 않으면안 된다. 약간 오해를 불러일으킬 〈일함수(Work Function)〉라불리는 이 에너지는 금속에 따라 그 값이 다르며 보통 W라는기호로 표시된다. 따라서 광전자가 금속 밖을 튀어나갈 때 갖는 운동에너지(K)는

$$K = h(\nu - \nu_0) = h\nu - W$$

로 주어진다. 이 식에서 ν_0은 한계진동수로서 이보다 작은 진동수를 갖는 입사광으로는 광전 효과가 일어나지 않는다. 이와같은 고찰에 의하면 실험적으로 얻어진 두 법칙은 단번에 설명된다. 즉, 만약 입사광의 진동수가 변하지 않고 그 세기만이 증가한다면 개개의 광양자가 갖는 에너지는 일정한 값을 유지하고 광양자의 수만 증가한다. 그 결과 더 많은 광전자(光전자)가튀어나오지만 각각의 운동에너지는 동일하다.

K를 ν의 함수로 표시해 주는 위의 공식은 경험적으로 얻어진 〈그림 7〉의 (b) 그래프를 설명해 주며, 이 그래프의 직선의

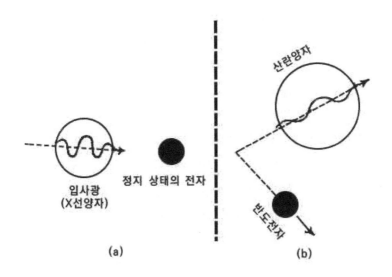

〈그림 8〉 X선의 콤프턴 산란
전자에 에너지를 줘버리기 때문에 충돌 후 X선의 광양자 파장은
길어진다는 데 주의하라

기울기는 모든 금속에 대해 공통이고 수치적으로 h와 같아야
함을 보여주고 있다. 아인슈타인이 얻은 광전 효과에 관한 이
결과는 실험과 완전한 일치를 보이며 광양자의 실재성은 이제
한 치의 의심도 허용하지 않게 되었다.

콤프턴 효과

광양자의 실재성을 증명하는 중요한 실험이 1923년 미국의
물리학자 아서 콤프턴에 의해 이루어졌다. 그는 공간을 자유로
이 날아다니는 전자와 광양자 사이에 충돌을 연구하고자 했던
것이다. 전자선(Electron Beam)에 빛의 선을 보내어 충돌을 관

측하는 것이 이상적이기는 하지만 유감스럽게도 실제로는 가장 센 전자선에 포함돼 있는 전자의 개수는 매우 적어서 1회의 충돌이 일어나는 데도 수 세기나 걸릴 정도이다. 그래서 콤프턴은 진동수가 매우 높고 따라서 양자 하나가 갖는 에너지 값도 매우 큰 X선을 씀으로써 이 곤란을 해결했다. 이것은 X선 하나하나의 양자가 갖고 다니는 에너지에 비하면 가벼운 원소의 원자 안에 속박된 전자가 갖고 있는 에너지는 무시할 수 있어서 이런 경우 전자는 거의 완전히 자유롭다고 볼 수도 있기 때문이다. 전자와 광양자의 충돌을 두 개의 탄성구의 충돌과 같은 모양의 것이라 생각한다면 산란된 X선의 에너지, 따라서 그 진동수는 산란된 각도가 커지는 데 따라 감소될 것으로 예상된다. 콤프턴이 한 실험(그림 8)의 결과는 이 이론에 의한 예상값, 즉 두 탄성구가 충돌할 때 에너지와 역학적 운동량이 각각 보존된다는 가정 아래 얻어낸 공식과 완전히 일치하였다. 이 사실로부터 광양자의 존재는 더욱더 확정적인 것이 되었다.

2장

N. 보어와 양자궤도

빛이 그 진동수에 의해서 엄밀하게 정의된 에너지값을 갖는 띄엄띄엄한 에너지 덩어리(광양자)의 형식으로서만 공간을 날아다니고, 물질에 의해서 방출 또는 흡수된다는 사실의 발견은 원자 자체의 구조에 관한 당시의 견해에 깊은 영향을 미쳤다. 1897년 J. J. 톰슨(Sir. Joseph John Thomson, 1856~1940, 1906년 노벨물리학상 수상)은 직접적인 실험에 의해서 조그마한 음으로 대전된 입자(전자)가 원자로부터 튀어나올 수 있으며, 따라서 그 뒤에는 양의 전기를 갖는 입자(이온)가 남는다는 사실을 발견했다. 이 결과 원자는 그 그리스어 이름*이 뜻하는 바와 달리 물질의 불가분 구성요소는 아니며, 오히려 정반대로 음의 하전 부분과 양의 하전 부분으로 이루어지는 복잡한 체계라는 것이 명백해졌다. 이로부터 톰슨은 건포도 빵 속에 건포도가 들어 있듯이 원자도 양의 전기를 갖는 부분이 원자 전체에 거의 균등하게 분포되어 있고 그 가운데 음의 전하가 박혀 있다고 상상했다. 이 원자 안에 전자는 균등히 분포된 양의 전하의 중심 쪽으로 인력을 받는 동시에 전자와 전자끼리는 서로 반발력을 갖게 된다. 이 힘은 모두 쿨롱(Charles Augustin de Coulomb, 1736~1806)의 법칙에 따른다. 이 두 힘이 서로 비기게 될 때 원자는 정상 상태를 유지한다. 만약 원자가 다른 원자, 또는 옆을 지나가던 자유전자와 충돌을 일으켜 교란당한다면(물리학자들은 이것을 〈들뜬다〉고 표현한다), 원자 내 전자들은 그랜드 피아노의 현처럼 평형 위치 부근에서 진동을 시작하고

---

*역자 주: 그리스어로 원자는 $\alpha\tau o\mu o\sigma$(atomos)라 쓰며 α는 부정의 뜻, τ $o\mu o\sigma$는 '나눌 수 있는'이므로 나눌 수 없는 궁극적 요소라는 뜻을 가지고 있다.

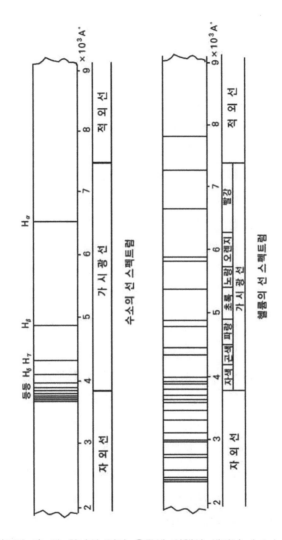

〈그림 9〉 단 하나의 전자 운동에 의해서 생겨난 수소스
펙트럼의 단순한 구조를 두 개의 전자에 의해
서 생겨난 헬륨의 스펙트럼의 복잡한 구조와
비교해 보자. 양쪽 스펙트럼 모두 적외선과 자
외선의 훨씬 바깥쪽으로 연장돼 있다

독특한 크기의 진동수의 빛을 방출하게 될 것이다. 이렇게 생각한다면 관측된 선 스펙트럼도 설명이 가능할 것이다. 화학원소의 종류가 달라지면 원자 안의 전자 수와 그 분포 상태가 달라져서 그 특정 진동수도 달라지므로 선 스펙트럼의 구조도 달라질 것이 예상된다(그림 9). 만약 톰슨의 원자모형이 옳다면 주어진 수의 내부 전자를 갖는 원자 안에서 전자가 어떤 배치를 받을 때 안정을 이루는가는 고전역학에 의해서 계산이 가능하다. 이때 이 계산에 의해서 얻어진 고유 진동수들은 여러 원소의 선 스펙트럼의 실측치와 일치할 것으로 예상된다.

톰슨은 제자들과 협력해서 원자 내 전자의 배치를 알아내기 위해 복잡한 계산을 했다. 이 계산에 의해서 얻어지는 진동수는 여러 원소의 선 스펙트럼의 관측값과 일치되어야 했으나 그 결과는 불행하게도 부정적이었다. 톰슨의 원자모형에 의해서 이론적으로 계산된 스펙트럼은 어떤 종류의 원소 스펙트럼의 실측값과도 닮은 바가 없었다. 톰슨의 고전적인 원자모형에 무엇인가 혁명적인 수정을 가하지 않으면 안 된다는 것이 차차 명백해졌다. 이 점을 특히 강조한 것은 덴마크의 젊은 물리학자 닐스 보어(Niels Henrik David Bohr, 1885~1962, 1922년 노벨물리학상 수상)였다. 보어는 코펜하겐대학에서 물질 중 하전입자의 통과에 관한 이론으로 박사 학위를 받은 후 1911년 영국 케임브리지대학의 캐번디시연구소로 유학 가서 소장인 J. J. 톰슨이 이끄는 연구 그룹에 참가하고 있었다. 보어는 이의를 제기했다.

「빛은 이제 더 이상 연속적으로 전파되는 파동으로 취급될 성질의 것이 아니라 뚜렷이 정해진 띄엄띄엄한 에너지를 갖는 덩어리로서만 방출 또는 흡수되는 신비스러운 성질을 갖는다고 보아야 한다.
따라서 톰슨의 원자모형의 기초가 되는 고전적인 뉴턴역학도 알맞
게 뜯어고쳐야 한다. 만약 빛의 전자기적 에너지가 〈양자화(Quan-
tized)〉돼 있다면, 즉 광양자 에너지의 1배($1h\nu$), 2배($2h\nu$), 3배($3h$
ν) 등만 갖도록 제한된다면 원자 내 전자의 역학적 에너지도 또한
양자화되어야 한다고 가정하는 것이 타당하지 않겠는가. 다시 말해
원자 내 전자가 갖는 에너지도 띄엄띄엄한 값만을 취할 수 있으며
그 중간 값은 아직도 밝혀지지 않은 어떤 자연법칙에 의해 금지돼
있는 것은 아닐까? 사실 톰슨의 원자모형에서처럼 원자가 고전물리
학의 법칙에 따라 구성돼 있다면 이 원자가 고전물리학의 테두리를
완전히 벗어나 있는 플랑크의 광양자의 형태로서만 빛을 방출 또는
흡수한다는 것은 이해할 수 없는 일이 아닌가!」

러더퍼드의 유핵원자 이론

J. J. 톰슨은 젊은 덴마크인의 이 같은 혁명적인 착상을 별로
좋아하지 않았다. 몇 차례의 격렬한 말다툼을 한 후 보어는 케
임브리지를 떠날 것을 결심하고, 그에게 허용된 해외 유학의
나머지 기간을 원자 내 전자 운동의 양자화에 관한 그의 막연
한 착상에 크게 반대하지 않을 것 같은 연구실에서 지내려고
생각했다. 그는 맨체스터(Manchester)대학을 택했다. 이 대학의
물리학 교수는 뉴질랜드 농부의 아들이며 톰슨의 옛 제자였던
어니스트 러더퍼드였다. 러더퍼드는 과학상의 위대한 발견에
의해서 후에 어니스트 경(Sir. Ernest), 좀 더 후에는 로드 러더
퍼드 오브 넬슨(Lord. Rutherford of Nelson)이란 귀족 칭호를
받게 된 사람이다. 보어가 맨체스터에 도착했을 때 러더퍼드는
마침 원자의 내부 구조에 관한 획기적인 연구에 몰두하고 있던

중이었다. 즉 그는 당시 발견된 지 얼마 안 되었던 방사성 원소로부터 방출되는 〈알파(α)입자〉라 불리는 고(高) 에너지의 총알로 원자를 쏘아대는 실험을 연구하고 있었다. 캐나다에 있는 맥길(McGill)대학에서 대부분 이루어진 그전의 연구를 통해 러더퍼드는 방사성 원소로부터 방출되는 α입자가 양으로 대전된 헬륨의 원자 자체임을 증명하고 있었다. 이 α입자는 물리학사상 없었던 매우 높은 에너지를 갖고 방출되었던 것이다. 방사성 원소의 불안정하고 무거운 원자로부터 α입자가 방출된 후에는 때로 전자[이것을 베타(β)입자라 한다]와 높은 진동수의 전자기파[이것을 감마(γ)선이라 부른다]가 방출된다. 이 γ선은 보통의 X선과 같은 종류의 방사선이지만 X선보다도 그 파장이 훨씬 짧다. 어떤 물체를 깨뜨리고 싶을 때에는 가벼운 탁구공보다 무겁고 단단한 쇳덩어리를 고르는 것이 상식이다. 같은 원리로 러더퍼드는 무거운 α입자 쪽이 가벼운 β입자 쪽보다 더 쉽게 원자 내부에 파고들어갈 것이라고 생각했다. 러더퍼드의 실험장치는 매우 간단하다(그림 10). 라듐(Ra)과 같이 α입자를 방출하는 방사성 물질 소량을 핀 끝에 바르고 연구 대상이 될 금속의 얇은 박(F)으로부터 조금 떨어진 곳에 놓는다. 방사선을 슬릿(D)에 통과시킴으로써 가느다란 선(Beam)이 되도록 좁혀 준다. 금속박을 지나갈 때 α입자는 이 금속박을 구성하고 있는 원자와 충돌하는 까닭에 그 일부분은 금속박 저쪽 편의 여러 방향으로 산란된다. 금속박 저쪽에 놓아둔 형광막(S)에 부딪칠 때마다 입자는 그곳에 조그마한 불꽃(섬광)을 튕긴다. 이 섬광을 현미경(M)으로 관측함으로써 α입자가 본래의 방향으로부터 얼마만큼의 각도로, 얼마만큼의 개수가 산란돼 나가는가를 셀 수

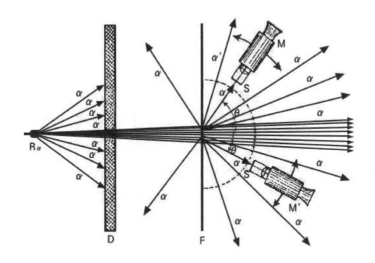

〈그림 10〉 α산란의 여러 각도의 산란 상태를 조사하기 위한 러더퍼드의
      실험장치

있다. 그것은 마치 소총으로 과녁을 향해 쏠 때 과녁의 중심부
로부터 얼마만큼 떨어진 곳에 총알이 맞았는가를 재는 것과 비
슷하다. 이 실험에서 러더퍼드는 대부분의 α입자는 본래의 진
행 방향을 거의 바꾸지 않은 채 금속박의 저쪽, 슬릿과는 정반
대 점(과녁의 중심점에 해당)에 맞아 밝은 섬광을 내고 있지만, α
입자의 어떤 것은 상당히 큰 각도로 산란된다는 사실에 주의했
다. 실험장치를 약간 바꾸어 본 결과 몇몇 경우 α입자는 입사
방향과는 정반대 방향으로 되돌아가는 수도 있었다.

  이 관측 결과는 톰슨의 원자모형에 의한 예측과는 전적으로
모순되는 것이었다. 원자 안을 지나갈 때 입사될 α입자는 원자
내 전자에 의한 전기적인 인력이거나 원자 안에 퍼져 있는 양
의 전기에 의한 전기적 반발력을 받아 본래의 진행 방향으로부

터 빗나갈 수 있다. 그런데 α입자에 비해 거의 10,000배나 가 벼운 전자와 상호작용함으로써 α입자의 진행 방향이 눈에 띌 정도로 크게 휜다고는 도저히 생각할 수 없다. 한편 톰슨의 모 형에 의하면 양으로 대전된 부분은 너무도 엷게 원자 전체에 퍼져 있으므로 원자 안을 지나가는 α입자의 진행 방향을 빗나 가게 할 수는 없다. 사실 쇳덩어리를 석탄 덩어리를 향해 던졌 다면 쇳덩어리는 얼마간의 각도로 튕겨나가고 아마도 석탄은 여러 조각으로 갈라질 것이다. 그러나 같은 석탄을 고운 가루 로 갈아 놓고 위에서와 같은 크기의 쇳덩어리를 석탄가루로 된 구름 속으로 던졌다면 쇳덩어리는 방향을 바꾸지 않은 채 지나 가버릴 것이다. 러더퍼드의 산란실험에서 관측된 위와 같은 대 각산란(大角散亂)의 존재는 원자 안에 있는 양의 전기를 가지며 원자 대부분의 질량도 갖고 있는 부분이 위에서의 석탄가루 구 름처럼 원자 전체에 퍼져 있는 것이 아니고, 석탄의 굳은 덩어 리처럼 조그맣고 굳은 핵예(核藝), 즉 원자핵에 집중되어 있음을 입증하고 있다. 여러 방향으로 산란되어 나가는 α입자의 수가 산란각(散亂角)과 어떤 함수 관계에 있는가를 조사한 실험 결과 는 거리의 제곱에 반비례하는 세기의 반발력을 받는 중심역장 안을 입자가 지나갈 때 입자가 받는 산란의 공식과 완전히 일 치하였다.

이를 통해 러더퍼드의 원자모형이 탄생하였다. 중심부에 양으 로 대전된 무거운 원자핵이 있고 그 둘레의 자유공간을 음의 전기를 갖는 가벼운 전자가 돌고 있다는 이 모형은 태양계와 닮아 있다. 전기인력에 관한 쿨롱의 법칙은 중력에 관한 뉴턴의 법칙과 수학적으로는 동등하다(전기력이나 중력은 모두 거리의 제곱에 반비례한다). 따라서 원자핵 둘레를 도는 원자 내 전자는 태양의 둘레를 도는 행성처럼 원궤도나 타원궤도를 돈다.

그러나 이 두 가지 힘 사이에는 커다란 차이점이 하나 있다. 즉 태양과 행성은 전기적으로 중성인 데 비해 원자핵과 전자는 강한 전하를 갖고 있다는 점이다. 다 아는 바와 같이 진동하는 전하는 전자기파를 사방으로 방출한다. 러더퍼드의 원자모형은 말하자면 매우 높은 진동수로 전파를 내는 초소형 방송국이라 생각할 수도 있다. 전자기파 방출에 관한 고전이론을 써서 계산해 보면 원자핵 둘레를 도는 전자가 발사하는 광파는 약 1/1000억 초(秒) 사이에 전자가 갖고 있던 총 에너지를 전부 발산시킨다는 것을 쉽게 알 수 있다. 에너지를 전부 잃어버리면 원자 내 전자는 원자핵 속으로 빠져버리게 되고 그 결과 원자의 존재도 없어져 버린다.

엄밀히 말하자면 태양계에서 행성의 경우에도 에너지는 발산돼 나갈 것이다. 아인슈타인의 일반 상대성이론에 의하면 중력질량도 진동할 때 소위 〈중력파〉를 방출함으로써 에너지를 발산시킨다. 그러나 뉴턴의 만유인력상수가 매우 작은 까닭에 중력파의 방출에 의한 행성의 에너지 손실은 매우 작다. 행성이 창조된 이래로 40~50억 년이 지났지만 행성이 그 사이에 잃어버린 에너지는 행성이 처음 갖고 있었던 에너지의 수 %에 불과할 것이다.

역학계의 양자화

러더퍼드의 모형에 따라 원자를 생각할 때 도대체 원자는 어떤 구조를 갖고 있다는 말일까? 앞서 말한 바와 같이 이론적으로 러더퍼드의 원자는 1초의 1/1000억보다 더 오래 존재할 수 없다. 그러나 실제로 원자는 영원히 존재하고 있다. 이 점이야 말로 젊은 보어가 맨체스터에 도착했을 때 직면한 의문이었다.

이와 같이 한쪽으로는 이론적인 예상이 있고 다른 한쪽으로는 실험적인 사실 또는 상식적인 판단이 있어 이 둘 사이에는 융화될 수 없는 차질이 생긴다는 것, 이것이야말로 과학 발전의 주요 원인이 되는 것이다. 예컨대 빛을 전달시키는 에터* 속을 지나는 지구의 운동을 검출하려던 A. A. 마이컬슨(Albert Abraham Michelson, 1850~1931, 1907년 노벨물리학상 수상)의 실험의 부정적 결론으로부터 아인슈타인은 상대성이론을 착안했다. 상대성이론은 시간, 공간에 관한 그때까지의 상식적인 개념을 깨뜨리고 고전물리학을 근본적으로 바꾸어 놓았다. 마찬가지로 앞 장에서 논의한 자외선 파탄으로부터 플랑크는 광양자라는 완전히 새로운 착상을 얻게 된 것이다.

실험적으로는 증명되었으면서도 이론적으로는 그 존재가 부인된 러더퍼드의 원자모형에 관한 곤란은 보어의 숨어 있던 영감에 불을 붙였을 것이다. 즉 만약 전자기파의 에너지가 양자화된다면 그 방식은 좀 다를지 모르나 역학적 에너지도 양자화되어야만 할 것이다. 사실 어느 들뜬 원자가 $h\nu$의 크기의 광양자를 방출한다면 그 역학적 에너지도 정확히 같은 양만큼 감소돼 있을 것이다. 원자 스펙트럼이 뚜렷이 식별되는 여러 선으로 돼 있다면 원자의 여러 가능한 상태 사이의 에너지 차 또한 뚜렷이 식별될 값을 가져야만 할 것이다. 이렇게 보자면 원

---

*자페(Bernard Jaffe), 「마이컬슨과 빛의 속도(Michelson and the speed of Light)」, Doubleday, Science Study Series(1960) 참조.

자의 틀짜임(Mechanism)은 자동차의 기어상자와도 같은 것이
라는 생각이 떠오른다. 자동차의 기어는 1단, 2단, 3단 등으로
바꿀 수는 있으나 $1\frac{1}{2}$ 이라든가 $3\frac{3}{5}$ 단의 기어 등으로는 바꿀 수
없기 때문이다.

한 원자의 서로 다른 상태의 가능한 에너지를 크기가 커지는
순서로 차례로 배열한 것을 E_1, E_2, E_3, E_4 …라 하자(그림 11).
어느 원자나 반드시 얼마간의 내부 에너지를 갖고 있다. 그러나
이 에너지가 최저의 에너지준위(準位)인 E_1에 내려앉았을 때, 이
에너지는 더 이상 광양자를 방출하는 데는 쓰일 수 없다. 이 에
너지준위인 E_1을 그 원자의 **기준상태** 또는 **바닥상태**(Normal or
Ground State)라 한다. 원자는 이 상태에 얼마든지 머물러 있을
수 있다. 이 에너지(E_1)는 **0점 에너지**(Zeropoint Energy)라 불리
며 단진동자의 경우 $1/2h\nu$와 같다. 이제 원자가 어떤 높은 에
너지(E_n)를 갖는 들뜬상태에 올라가 있다 하자. 이와 같은 들뜬
상태는 예컨대 태양의 대기권에서와 같이 매우 높은 온도로 기
체를 가열해주면 생겨난다. 이때 원자는 열운동으로 서로 맹렬
한 충돌을 하기 때문에 들뜬상태가 돼 버렸다. 또 희박한 기
체*를 채운 유리관에서 고전압의 전기방전을 시켜도 원자를 들
뜨게 할 수 있다. 이때 음극으로부터 양극을 향해 가속된 속도
가 큰 전자에 의해서 원자는 충격을 받고 들뜬상태로 옮아간

---

*희박한 기체를 쓰는 이유는 충돌과 충돌 사이에 시간을 충분히 길게 함
으로써 전자로 하여금 충돌 때 잃었던 에너지를 외부 전기장에 의한 가속
에 의해서 다시 보충하도록 하기 위해서이다. 표준기압에서 기체는 전기
가 통하지 않는다. 그러나 전압이 매우 높아지면 갑자기 전기불꽃이 일어
난다.

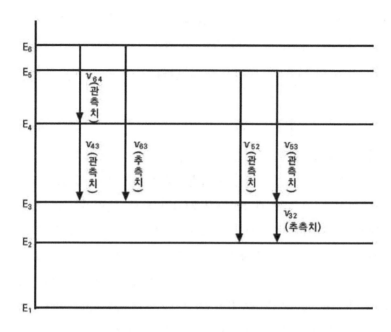

〈그림 11〉 리드베르이의 규칙에 관한 보어의 설명

다. 고전압의 방전이 지나갈 때 안에 들어 있는 기체가 발광하
도록 만들어진 장치는 발명자 하인리히 가이슬러(Heinrich
Geissler, 1815~1879)의 이름을 따서 가이슬러관(管)으로 알려져
있다. 오늘날 이 가이슬러관은 거리에 네온사인이나 갖가지 발
광장치로 사용되고 있다.

원자가 m번째의 들뜬 에너지 상태에 있을 때 이 원자는 이
보다 낮은 에너지 상태 E_n(n<m)으로 되돌아갈 수 있다. 이때
이 원자는 두 상태의 에너지 차(差)에 해당하는 에너지를 광양
자 형식으로 방출한다. 이때

즉 $h\nu_{m,n} = E_m - E_n$

$$\nu_{m,n} = \frac{E_m - E_n}{h}$$

이 성립한다. 여기서 $\nu_{m,n}$의 두 첨자는 스펙트럼 중 이 특별한 진동수가 m번째 양자 상태로부터 n번째 양자 상태로 옮아갈 때 방출됨을 뜻한다.

원자가 높은 에너지 상태로부터 낮은 에너지 상태로 전이(Transition)을 일으킬 때 광양자를 방출한다는 모형은 매우 흥미로운 결론을 가져다준다. 어떤 원소의 스펙트럼 안에 가령 6번째 양자 상태로부터 4번째 양자 상태로 전이할 때 생기는 선과 4번째에서 3번째로 전이할 때 생기는 선의 두 선이 관측된다면(〈그림 11〉 왼쪽) 6번째 상태로부터 3번째 상태로의 직접적인 전이도 가능하다. 이때에는 진동수가

$\nu_{6,3} = \nu_{6,4} + \nu_{4,3}$

으로 주어질 것이다. 〈그림 11〉의 오른쪽에는 이와 반대의 경우가 그려져 있다. 진동수 $\nu_{5,2}$와 $\nu_{5,3}$을 갖는 선의 관측 사실로부터

$\nu_{3,2} = \nu_{5,3} - \nu_{5,2}$

로 주어지는 진동수의 빛이 관측될 것으로 예상된다.

스위스의 분광학자 W. 리츠(Walther Ritz, 1878~1909)는 보어가 아직도 학생이던 시절에 이와 같은 **가법(加法) 및 감법(減法)**을 발견했다. 그러나 양자론 이전의 분광학에서는 관측된 진동수 사이에 성립되는 리츠의 법칙이라든가 기타 비슷한 규칙

은 합리적으로 설명이 안 되는 수수께끼에 불과했다. 그래도 닐스 보어에게는 이와 같은 규칙성들이 매우 도움이 되었다. 그는 이것을 이용해서 원자 내 전자의 띄엄띄엄한 양자 상태란 생각을 도입함으로써 원자에 의한 빛의 방출과 흡수 문제를 풀려고 했던 것이다.

연구의 첫 대상으로 보어는 수소 원자를 택했다. 수소 원자는 가장 가볍기 때문에 아마도 가장 간단한 구조를 갖는 원자라 추측되며 또 매우 간단한 스펙트럼을 갖고 있다는 것이 알려져 있었다. 1885년 스위스의 고등학교 교사 J. J. 발머(Johann Jakob Balmer, 1825~1898)는 원자 스펙트럼의 규칙성에 흥미를 갖고 연구하다가 수소의 가시광선 부분의 스펙트럼선의 진동수가 대단히 높은 정밀도로, 매우 간단한 공식에 의해서 표시될 수 있음을 발견했다.

〈그림 9〉의 오른쪽에 표시돼 있는 이 스펙트럼선들의 진동수(〈그림 9〉에서는 진동수 대신 파장 $\lambda=c/\nu$로 표시돼 있다)는 다음 표로 주어진다.

$H_\alpha{:}v_1 = 4.569 \times 10^{14}\text{초}^{-1*}$

$H_\beta{:}v_2 = 6.168 \times 10^{14}\text{초}^{-1}$

$H_\gamma{:}v_3 = 6.908 \times 10^{14}\text{초}^{-1}$

$H_\delta{:}v_4 = 7.310 \times 10^{14}\text{초}^{-1}$

독자들이 직접 계산해 보면 알 수 있듯이 이 수치들은 공식

---

*초(秒)$^{-1}$이란 '초(秒)당 얼마'란 뜻이다. 또 ㎝$^{-1}$은 '1㎝에 얼마'라는 뜻이며 (사과 $\$^{-1}$)란 '1달러당 사과 몇 개'란 뜻이다.

$$\nu_{m,\,n} = 3.289 \times 10^{15}\,(\frac{1}{4} - \frac{1}{m^2})\,초^{-1}$$

에 의해서 주어진다.* 이 공식에서 m은 3, 4, 5, 6의 값을 취한다. m의 값이 커지면 진동수는 자외선 부분으로 옮아가고 스펙트럼선 사이에 간격은 매우 좁아져 마침내 다음 값으로 수렴한다.

3.289 × 10^{15} × 1/4 = 8.225 × 10^{14}초$^{-1}$

방출된 광양자($h\nu_{m,\,n}$)와 원자의 에너지 상태(또는 준위) E_m 및 E_n 사이의 관계에 관한 보어의 모형에 의한다면 발머 공식의 스펙트럼 계열의 관한 보어의 m번째 선은 수소 원자의 m번째 들뜬상태로부터 둘째 번(4=2이므로) 들뜬상태로의 전이에 대응한다. 발머 공식에서

1/4 = $1/2^2$

대신

1/1 = $1/1^2$

을 대입하고 m=2, 3, 4 등으로 놓으면 자외선보다 더 짧은 파장 영역에 소속되는 스펙트럼선의 계열을 얻는다. 이 계열은 실제로 테오도르 리만(Theodore Lyman, 1874~1954)에 의해서 발견되었다. 또 발머 공식의 제1항 대신

1/9 = $1/3^2$ 또는 1/16 = $1/4^2$

---

*이 공식의 계수는 보통 R로 표시되며 리드베르크상수(Rydberg Constant)라 불리지만 더 적당하게는 발머상수라 불러야 했을 것이다.

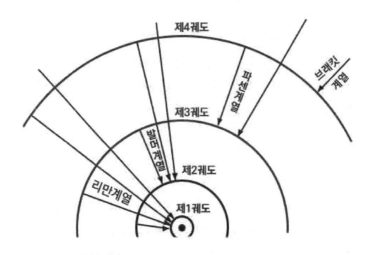

〈그림 12〉 보어가 생각한 수소 원자의 모형. 리만 계열은 자외선 영역, 발머 계열은 스펙트럼의 가시광선 영역, 파셴과 브래킷 계열은 모두 적외선 영역에 있다

을 대입하면 원적외선 영역에 소속되는 진동수를 갖는 빛의 계열을 얻는데, 이 계열은 프리드리히 파셴(Louis CarlHeinrich Friedrich Paschen, 1865~1947) 및 프레데릭 브래킷(Frederick Brackett)이 각각 발견하였다. 그러므로 역학적인 양자 상태는 〈그림 12〉와 비슷해야 할 것이다. 이 그림에만 리만, 발머, 파셴 및 브래킷 각 계열의 스펙트럼선의 방출에 대응하는 전이가 화살표로 그려져 있다.

이상과 같은 요령으로 모든 스펙트럼선은 두 양자준위를 나타내는 두 첨자 m과 n에 의해서 식별되며 이 두 준위 사이의 전이에 의해서 일어나는 것이다(전이는 m번째 상태로부터 n번째 상태로 일어난다). 광양자의 에너지는 출발 상태와 종말 상태 사

이의 에너지 차와 같으므로 발머 공식을 일반화해서 쓴다면

$$h\nu_{m,n} = Rh[(-\frac{1}{m^2}) - (-\frac{1}{n^2})]$$

즉

$$h\nu_{m,n} = (-\frac{Rh}{m^2}) - (-\frac{Rh}{n^2})$$

라 쓸 수 있을 것이다. 여기서 괄호 안에 있는 두 양(量)은 에너지준위인 E_m과 E_n을 나타낸다. 이 에너지를 음의 양(量)으로 쓰는 이유는 관례상 계의 에너지가 0인 상태로서 계 안의 모든 구성 성분이 서로 무한대의 거리로 떨어져 있을 때를 기준으로 잡기 때문이다. 따라서 만약 계의 에너지가 양(量)이라면 계의 각 구성 성분은 하나로 뭉칠 수 없고 제각기 뿔뿔이 흩어질 것이다. 태양 둘레를 도는 행성의 경우라든가 원자핵 둘레를 도는 전자와 같은 안정계에서는 에너지가 음이다. 이 계를 흩어지게 하려면 외부로부터 에너지를 공급해주어야 한다.

  수소 원자의 여러 상태의 에너지값이 위의 공식에서와 같은 모양이 되는 이유는 무엇인가? 이에 대해 보어는 두 개의 간단한 가정을 세웠다.

  제1의 가정: 수소 원자는 원소의 주기율표 중 가장 간단한 원자이므로 **단 하나**의 전자를 갖고 있다.

  제2의 가정: 수소 원자의 여러 양자 상태는 반경이 여러 가지로 다른 원궤도를 도는 전자의 여러 운동에 대응한다. 이 가정에 의해서 전자의 양자궤도는 다음 관계식에

의해 구할 수 있다.

$$E_n = -\frac{Rh}{n^2}$$

수소 원자의 n번째의 들뜬상태에 있는 전자의 궤도운동을 생각해 보자. r_n과 v_n을 각각 n번째 상태에서의 전자의 반경 및 궤도운동의 속도라 하자. 또 전자의 질량은 m_e, 그 전하는 -e, 원자핵(이 경우에는 양성자) 전하는 +e이다.

전자가 원운동을 하는 것은 정전기적인 인력 $-e^2/r^2$이 원심력 $+mv^2/r$과 평형을 이룰 때다. 따라선 조건

$$-\frac{e^2}{r^2} + \frac{m_e v^2}{r} = 0$$

으로부터

$$v = \frac{e}{\sqrt{m_e r}}$$

즉 전자가 반경(r)의 원운동을 하는 데 필요한 속도(v)를 얻는다. 고전역학의 이 방정식에 의하면 이 속도가 주어지기만 한다면 전자는 어느 원궤도상에서도 운동할 수 있다.

그렇다면 에너지가 $E_n=-Rh/n^2$인 궤도만을 골라내는 양자 조건은 무엇일까?

앞 장에서 논의한 복사장의 양자론에서는 주어진 진동수(v)의 진동은 광양자가 갖는 에너지(hv)의 1배, 2배, 3배의 에너지만을 가질 수 있다는 것을 이야기했다. 즉 $E_n=nh v$(n=1, 2, 3 등)

이다. 이것을 다시 고쳐 써서

$$\frac{E_n}{\nu} = -nh$$

라 쓴다면 E/ν로 주어지는 양(量)은 양자상수(h)의 정수배의 값만 취할 수 있다는 것이 된다. 그렇다면 h의 물리적 차원(역자주: 원이라고도 함)은 무엇인가? h차원 [h]는

$$[h] = \frac{[에너지]}{[진동수]} = \frac{[질량][속도]^2}{[시간]^{-1}} = \frac{[질량][길이]^2}{[시간]^{-1}[시간]^2}$$

$$= [질량][\frac{길이}{시간}] = [질량][속도][길이]$$

물리학에 의하면 한 입자의 질량(Mass)과 그 속도(Velocity), 그 입자가 진행한 거리(Distance)의 곱은 작용(Action)이라 불리는 잘 알려진 양으로서 고전적 해석역학에서는 매우 중요한 역할을 한다. 예컨대 프랑스의 수학자 P. L. M. 모페르튀(Pierre Louis Morean de Maupertuis, 1698~1759)가 1747년에 제창한 〈최소작용의 원리(Principle of Least Action)〉에 의하면 입자가 역학적 힘을 받아 A에서 B로 운동할 때는, 이 두 점 사이를 지나는 가능한 모든 통로 중 그 총 작용량이 최소 또는 최대가 되는 통로만을 지나게 된다. 광양자에 관한 플랑크의 법칙은 모페르튀의 원리에 대하여 다음과 같이 보충 조건을 붙인 것과 같다. 즉 **총 작용은 반드시 n의 정수배의 값을 가져야 한다.**

원자핵 둘레를 도는 전자의 닫힌 원궤도의 경우에는 전자의 질량과 속도와 1회전하는 사이에 진행한 거리의 곱이 h의 정수배가 되어야 한다. 그러므로 n번째의 보어궤도에 대해서는

$$m_e \cdot v_m \cdot 2\pi r_n = nh$$

$$m_e \cdot \frac{e}{\sqrt{m_e r_n}} \cdot 2\pi r_n = 2\pi e \sqrt{m_e} \sqrt{r_n} = nh$$

또는

$$r_n = \frac{h^2}{4\pi^2 e^2 m} \cdot n^2$$

이 된다.

여기서 n번째 궤도를 도는 전자의 총 에너지(E_n)를 계산해 보자. 이 에너지는 운동에너지(K)와 위치에너지(U)의 합이다. 속도에 관해 앞에서 언급한 식 $v = e/\sqrt{m_e r_n}$ 과 두 전하 +e와 −e가 어떤 거리(r)만큼 떨어져 있을 때의 위치에너지가 $-e^2/r_n$ 이 된다는 사실을 쓰면

$$E_n = K_n + U_n = \frac{1}{2} m_e \frac{e^2}{m_e r_n} - \frac{e^2}{r_n}$$

$$= \frac{1}{2} \frac{e^2}{r_n} - \frac{e^2}{r_n} = -\frac{1}{2} \frac{e^2}{r_n}$$

이란 관계식을 얻는다. 앞에서 구해 놓은 r_n에 관한 식을 대입 하면

$$E_n = -\frac{2\pi^2 e^4 m_e}{h^2} \cdot \frac{1}{n^2}$$

을 얻는데, 이것은 바로 발머의 경험적 공식

$$E_n = \frac{Rh}{n^2}$$

와 같다. 단, 위의 발머 공식에서 R은

$$R = \frac{2\pi^2 e^4 m_e}{h^3}$$

라 택해야 한다.

보어는 이 식에 e, m_e, h의 값을 대입함으로써

$$R = 3.289 \times 10^{15} \, \text{초}^{-1}$$

의 값을 얻었는데, 이것은 바로 분광학적 관측에 의해서 실험적으로 얻은 R의 값과 정확히 일치한다. 이리하여 역학계의 양자화 문제는 성공적으로 해결되었다.

조머펠트의 타원궤도

수소 원자에 관한 보어의 독창적인 논문에 뒤이어 독일의 물리학자 아르놀트 조머펠트의 논문이 발표되었다. 조머펠트는 보어의 착상을 타원궤도의 경우로 확정시켰다. 중심역장에서의 입자 운동은 보통 두 개의 극좌표에 의해 표현된다. 두 좌표 중 하나는 인력의 중심으로부터의 거리(r)이고, 나머지 하나는 〈그림 13〉에 표시돼 있는 바와 같이 타원의 장축에 대한 방위각(φ)이다. r은 φ=0일 때 최댓값을 가지며 φ=π에서 최솟값이 될 때까지 감소하다가 φ=π를 넘어서면 다시 증가해서 φ=2π일 때 다시 최댓값을 갖게 된다. 따라서 r이 일정하고 φ만이 변하

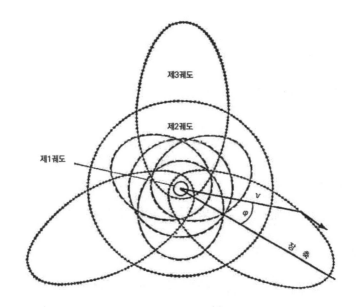

〈그림 13〉 수소 원자의 원 및 타원양자궤도. 원으로 된 제1궤도(실선)
는 전자의 최저 에너지에 대응한다. 하나는 원, 셋은 타원
으로 된 다음의 네 궤도(파선)의 에너지는 동일하며, 제1궤
도의 에너지보다 높다. 점선으로 표시한 그다음 9개의 궤도
(그림에는 그중 넷만이 표시돼 있다)는 더 높은 에너지(이 9개의
궤도 에너지는 모두 같다)에 대응된다

는 보어의 궤도와 달라서 조머펠트의 타원궤도 운동은 두 개의
독립된 좌표 r 및 φ의 의해서 표시된다. 또한 양자화된 타원궤
도도 두 개의 양자수에 의해서 표시되어야 한다. 이 두 양자수
는 방위양자수(n_φ)와 지름양자수(n_r)이다. 보어의 양자 조건을
이 경우에 적용하면 **방위각**의 증감하는 방향 및 **지름** 방향에 관
한 총역학적 작용량은 각각 h의 n_φ 및 n_r배여야 한다. 이로부
터 조머펠트는 양자화된 타원운동의 에너지로서

$$E_{n_\phi,\,n_r} = -\frac{Rh}{(n_\phi + n_r)^2}$$

를 얻었다. 이 식을 보어의 최초의 식과 비교해 보면 분모가 하나의 정수의 제곱이 아니고 두 개의 임의의 정수의 합(물론 이 합도 정수임)의 제곱이 되어 있다는 점을 제외하고는 완전히 동일하다. 특별한 예로서 이 식에서 n_r=0으로 놓으면 보어의 원궤도 식을 얻는다. 또 $n_r \neq 0$의 경우에는 여러 가지 이심률(Degree of Ellipticity)을 갖는 타원궤도를 얻는다. 그러나 $n_\phi + n_r$의 합이 동일하기만 하다면 그 궤도의 모양은 여러 가지로 다를지 모르나 그 에너지는 모두 동일하다. 관례상 $n_\phi + n_r$의 합은 n이라 쓰며 주양자수(Principal Quantum Number)라 부른다.

여기서 수소 원자를 상대성이론에 따라 취급했을 때 나타나는 조그마한 보정에 관해서 말해 두자. 아인슈타인의 상대론적 역학에 의하면 입자의 질량은 그 속도에 따라 증가하며 속도가 광속(c)에 접근할 때 질량은 무한대로 접근한다. 입자의 〈정지 질량〉을 m_0이라 한다면(사실상 이 질량은 입자가 광속에 비해 매우 느리게 운동할 때의 질량과 동일하다), 속도(v)가 클 때의 질량은 다음 공식에 의해서 주어진다.

$$m = \frac{m_0}{\sqrt{1 - \dfrac{v^2}{c^2}}}$$

이 식에 의해서 v가 c에 접근해 가면 m은 무한대로 접근해 감을 알 수 있다. 타원운동의 경우 궤도상의 각 점에서의 속도는 제각기 다르므로(케플러의 제2법칙), 전자의 질량도 그에 따라 변하고 따라서 계산은 매우 복잡해진다. 이 경우 동일한 주양자수에 속하지만 모양이 서로 다른 궤도들의 에너지는 약간씩 달라져서 하나의 준위가 여러 개의 접근된 준위로 갈라진다. 따라서 두 개의 주양자수 m과 m에 의해 특징지어지는 두 양자준위 사이의 선이 결과 생겼딘 한 개의 스펙트럼선은 몇 개의 성분으로 갈라진다. 이 사실은 실험적으로는 매우 성능이 좋은 분광기에 의해서만 관측되는데, 이 갈라짐을 스펙트럼선의 〈미세구조〉라 부른다. 미세구조 하나하나의 준위 사이의 진동수 차는 소위 미세구조상수(α) :

$$\alpha = \frac{e^2}{hc} = \frac{1}{137}$$

을 써서 표시할 수 있다. 이 α는 물리학적 차원을 갖지 않는 순수한 수이며, α의 값이 작다는 것은 미세구조 사이의 간격이 작다는 것을 설명해 주고 있다. 만약 c가 무한대라면 α는 0이 되고 미세구조는 전혀 관측되지 않을 것이다.

　보어의 원래 이론은 다른 면에서도 확장된다. 즉 조머펠트의 타원궤도는 반드시 한 평면상에 놓여야 할 필요는 없고 공간적으로 여러 방향을 향할 수 있다. 다시 말해 여러 개의 전자를 갖는 원자는(태양계에서처럼) 평면상에 놓여 있는 평행한 원반 위에서만 운동하는 것이 아니라 3차원적으로 운동한다는 의미로 확장되어야 한다.

보어연구소

보어가 덴마크로 금의환향하자 덴마크 왕립 과학 아카데미는 보어에게 원자에 관한 연구를 위한 연구소를 창설할 수 있는 자금을 주었다. 또 세계 각국으로부터 코펜하겐에 와서 보어와 협력해 연구하기를 원하는 젊은 이론물리학자들에게 줄 장학기금도 마련해 놓았다. 이렇게 해서 블라이담스바이 15번지*에 대학의 이론물리학연구소(Universitetets Institut for Teoretisk Fysik) 건물이 세워졌고, 그 옆에는 보어와 그 가족을 위한 소장의 관사도 세워졌다. 이런 이야기를 하는 것은 적절하지 않지만 실은 덴마크 왕립 과학 아카데미는 그 주요 재정기금을 칼스버그(Carlsberg) 맥주회사로부터 받고 있었다. 이 회사는 세계에서도 가장 고급 맥주를 만들고 있다. 이 맥주회사의 설립자는 유언을 남겼는데 회사 수입의 일부를 왕립 과학 아카데미에 기증하고, 과학 발전을 위해 쓸 수 있도록 의뢰해 놓았다. 또, 그는 유언에서 회사 부지 한복판에 칼스버그 자신을 위해 세웠던 호화로운 저택을 덴마크에서 가장 유명한 과학자의 집으로 사용하도록 만들어 놓았다. 보어가 유명해지고, 또 칼스버그의 큰 저택의 전 입주자가 1930년대 초기에 작고하자 보어와 그 가족이 이사해 들어갔다. 〈그림 14〉에 스케치한 넥타이는 덴마크의 유명한 생화학자 린데르슈트룀 랑(Kaj Ulrik Linderstrøm-Lang)의 생일을 위해 만든 것이다. 랑은 오랫동안 칼스버그 맥주회사 주조 실험연구소 소장으로 있었던 사람이다. 이 넥타이에는 칼스버그의 맥주병이 그려져 있다. 이 넥타이는 보어연구소에서 칼스버그 장학회의 혜택으로 연구하고 있던 모든 과학자를 위

---

*이 연구소의 공식 주소는 후에 블라이담스바이 17번지로 변경되었다.

〈그림 14〉 칼스버그 맥주와 그 은혜

한 상징이며 자랑이었다.

보어의 연구소는 곧 양자물리학의 세계적인 중심지가 되었다. 옛날 로마 사람들의 속담을 살짝 바꾸어 말한다면 「모든 길은 블라이담스바이 17로 통한다」가 된 셈이다. 이 연구소는 젊은 이론물리학자들에 의해서 떠들썩했고 원자, 원자핵 그리고 양자론 일반에 관한 새로운 착상으로 꽉 차 있었다. 이 연구소에서 인기 있었던 것은 첫째로 소장 보어의 재능에 있었고, 그 시대의 또 한 사람의 천재 알버트 아인슈타인도 물론 매우 친절한 사람이기는 했으나 절대로 자기 둘레에 학파를 만들지는 않았다. 아인슈타인은 언제나 단 한 사람의 조수를 이야기 상대로 골라 같이 연구하고 있었다. 이에 반해서 보어는 과학상의 여러 아이들을 길러냈다. 거의 모든 나라에 「나는 보어와 같이 연구한 일이 있소」라고 자랑스럽게 이야기하는 물리학자가 있다. 보어가 어느 땐가 괴팅겐대학을 방문했을 때 베르너 하이젠베르크라는 젊은 독일 물리학자를 만났다(5장 참조). 하이젠베르크는 25세 때 양자역학 분야에서 중요한 공적을 쌓아 올린 사람이다. 보어는 하이젠베르크에게 코펜하겐에 와서 자기와 함께 연구하지 않겠느냐고 제안했다. 다음날 이 대학에서 보어의 내방을 축하하기 위한 오찬을 열고 있는 도중에 제복을 입은 두 경찰관이 나타나 보어의 어깨에 손을 얹고 「어린이를 유괴한 죄로 귀하를 체포합니다」라고 말했다. 물론 이 〈경찰관〉은 사실 두 명의 대학원생이 변장한 것이며, 또 보어가 실제로 투옥된 것도 아니다. 그러나 하이젠베르크는 코펜하겐에 유괴(유학)되고 말았다. 유럽이나 미국의 여러 이론물리학자들은 코펜하겐에 와서 1~2년 혹은 그 이상을 머물다가 귀국했고, 수년 후 다시 코펜하겐으로 되돌아오곤 하였다.

예를 들면, P. A. M. 디랙(6장 참고)과 N. F. 모트(Neville Francis Mott, 1905~1996)는 영국으로부터, H. A. 카시미르(H. Casimir)는 네덜란드로부터, 볼프강 파울리(3장 참조), 베르너 하이젠베르크(5장 참조), 델브뤽(Max Delbrück, 1906~ 1981, 1969년 노벨생리의학상 수상, 부록 참조)과 카를 폰 바이츠제커

(Carl von Weizsäcker, 1912~2007)는 독일에서, L. 로젠펠트(L. Rosenfeld)는 벨기에서, S. 로셀랜드(Svein Rosseland, 1894~1985)는 노르웨이로부터, O. 클레인(Oscar Klein)은 스웨덴으로부터, G. 가모프(George Gamow, 1904~1968, 1962년 노벨물리학상 수상)는 소련으로부터, R. C. 톨맨(Richard Chace Tolman, 1881~1948)과 J. C. 슬레이터(John Clarke Slater, 1900~1976) 및 J. 로버트 오펜하이머(J. Robert Oppenheimer, 1904~1967)는 미국으로부터, Y. 니시나(니시나 요시오, 仁科芳雄, 1980~1951)는 일본에서 왔다. 이들은 장기간 머물러 있기도 하고 짧은 기간 방문하기도 하고, 또는 매년 봄에 열리는 회의 때 참석하기도 하였다.

레이턴(Leiden)대학의 교수인 에렌페스트(Paul Ehrenfest, 1880~1933)는 그중에서도 가장 매력적인 내방자였다. 에렌페스트는 1880년 빈(Wien)에서 태어났으며 볼츠만의 지도를 받아 1904년에 박사 학위를 받았다. 같은 해에 러시아의 수학자 타티아나(Tatiana)와 결혼했다. 두 사람은 상트페테르부르크(St. Petersburg, 지금의 레닌그라드)로 옮겨 1912년까지 있다가 그해에 레이턴대학에 물리학 교수로 초빙받아 1933년 작고할 때까지 그곳에 머물렀다. 에렌페스트의 통계역학 및 단연불변양(斷然不變量)에 관한 이론은 너무도 추상적이고 복잡해서 이 책에서 설명하는 것은 적당하지 않다. 그러나 그는 어느 과학상의 회합에서나 매우 귀중한 멤버였다. 그는 물리학에 박학다식하고 비판 정신이 왕성해서 누군가가 새 이론을 제출만 하면 반드시 그 결점을 꿰뚫는(간혹 그가 틀리는 수도 있기는 했지만) 재능을 갖고 있었다. 에렌페스트는 그 자신을 〈학교 선생〉이라 부르기를 좋아했는데 사실 그의 여러 제자들 중에는 후에 과학자로서 성공한 사람들이 많았다.

언젠가 내가* 덴마크에서 네덜란드를 거쳐 영국으로 갈 때 에렌페스트는 나를 며칠 동안이나 자기 집에 초대하여 묵게 하였다. 정거장에 마중 나온 그는 나를 데리고 그의 집으로 가서 내가 머물 방을 보여주고 난 후, 「여기서는 담배를 피우면 안됩니다」라고 이야기했다. 그 당시 나는 현재와 거의 같을 정도로 담배를 많이 피우고 있었으므로 그 방에 있었던 커다란 네덜란드식 스토브의 아궁이를 열고 담배 연기를 내뿜으면서 그를 속이기로 했다. 그는 신선한 공기 이외의 어떤 냄새도 싫어했다. 어느 날 그의 제자인 카시미르(필립스 라디오 회사 과학부장)가 오후에 에렌페스트와 만날 약속을 했었는데, 만나기 전 카스(Cas, 카시미르의 약어로서 네덜란드어로 치즈란 뜻)는 이발소에 가서 머리를 깎았다. 그런데 그는 이발사가 그의 금발머리에 기름을 발라버릴 때까지 그 사실을 모르고 있었다. 나중에야 그것을 안 카스는 에렌페스트와 만나기 전 두 시간 동안 거리를 떠돌아다니면서 머릿기름 냄새를 날려버려야 했다. 물론 어느 누구도 에렌페스트에 대해서 네덜란드의 볼스주(酒)(Bols : 앵두로 만든 브랜디)가 영국의 진(Gin)보다 좋다(또는 나쁘다)고 감히 말할 사람은 없었다.

보어연구소의 과학자들이 엮어 낸 아마추어극(Amateur Play)의 하나인 블라이담스의 파우스트(Faust, 이 책의 부록에 번역되어 있음)에서 에렌페스트는 파우스트 역을 맡았다. 이 파우스트를, 파울리가 분장한 메피스토펠레스(Mephistopheles)가 중성미자라

---

*앞으로 저자는 자신에 관한 회상을 할 때 학술상의 겸손한 말투를 버리고 1인칭으로 얘기하기로 하였다.

는 그레트헨(Gretchen)의 환상을 보여 줌으로써 유혹한다.

닐스 보어의 따뜻한 인간미라든가 보어연구소에서의 즐거웠던 생활과 연구에 얽힌 여러 생각들이 1928년 이래 그가 작고할 때까지의 여러 추억과 함께 아직도 나의 가슴속에 살아 있다. 이 가장 위대했던 과학자의 인간됨을 전달하기 위해서 그에 관한 누서너 개의 개인적 일화를 이야기하기로 한다.

1928년 봄, 레닌그라드대학에서 박사 학위를 위한 종합 예비고시에 합격하자 나는 소련 정부로부터 괴팅겐대학에서 열리는 하계 강좌에 참석하기 위한 2개월간의 외국 체류를 허가받았다. 당시만 해도 〈프롤레타리아〉 과학과 〈자본주의적〉 과학이 서로 적대시해야만 한다는 생각이 아직 소련에 퍼져 있지 않았었다. 이 때문에 소련에서 외국으로 유학을 갈 때 가장 큰 문제는 얼마나 많은 루블(소련 화폐)을 마르크(독일 화폐)로 바꿀 수 있는가 하는 데 있었다. 여러 대학에 있는 많은 교수들의 추천 덕분에 독일 화폐를 겨우 얻어 레닌그라드에서 독일 항구로 향하는 배를 탈 수 있게 되었다. 괴팅겐에 도착하자 나는 흔히 보는 학생용 하숙방을 얻어 연구에 착수했다.

이때는 마침 파동역학(4장 참조)이 발견된 지 2년밖에 안 되던 때였다. 그래서 모든 사람이 원자와 분자의 구조에 관한 보어의 양자론을 새롭고 더 진보된 파동역학에 맞추어서 확장하는 데 몰두하고 있었다. 그러나 나는 누구나 다 몰두하는 분야의 일은 하기 싫었고 또 한 일도 없었다. 그래서 원자핵의 구조에 관해서 무엇인가 새로운 연구를 할 수는 없을까 생각했다. 그때만 해도 원자핵은 실험적으로만 연구되었을 뿐 원자핵의 구조나 성질에 관한 이론은 시도된 일이 없었다. 괴팅겐에 머물고 있었던 2개월 동안 나는 큰 행운을 맞이했던 것이다. 즉 나는 파동역학을 써서 방사성 원자핵의 자연붕괴 또는 외부로부터 입사된 입자에 의한 원자핵의 인공 변환 과정을 설명해 낼 수 있었던 것이다. 뒤에 가서야 안 일이지만 거의 비슷한 연구를 비슷한 때에 영국의 물리학자 R. W 거니(Ronald W. Gurney)와 미국의 물리학자 E. U. 콘돈(Edward Uhler Condon, 1902~1974)이 공동으로 해 놓았다. 사실 내 논문과 그들의 논문의 투고 일자는 거의 같았다.

괴팅겐의 하계 강좌가 끝나갈 무렵 나는 갖고 있던 돈을 거의 다 써버려서 귀국할 수밖에 없었다. 그러나 귀국하는 길에 나는 코펜하겐에 들러 내가 오래전부터 존경하였던 닐스 보어 교수를 만나러 가기로 결심했다. 코펜하겐에 도착하자 나는 낡아빠진 조그마한 호텔의 싸구려 방을 얻은 후, 보어연구소로 가 면회 약속을 잡기 위해 보어의 비서인 슐츠(Ms. Schultz) 양과 만났다(보어가 작고하기 1년 전, 내가 다시 코펜하겐을 방문했을 때도 그녀는 여전히 비서 일을 하고 있었다). 「보어 교수와 오늘 오후 만나실 수 있습니다」 하고 그녀는 말했다. 오후가 되어 내가 그의 연구실에 들어가 보니 정다운 미소를 띤 중년의 신사가 나에게 물리학의 어느 분야에 흥미를 갖고 있으며, 또 지금 하고 있는 연구 분야는 무엇인가를 물었다. 그래서 나는 괴팅겐에서 해 놓은 원자핵의 변환에 관한 연구를 그에게 말해 주었다. 그 연구 논문의 원고는 학술지에 투고됐으나 아직 출판 전이었다. 주의를 기울여 듣고 난 보어는 「참 재미있었소. 정말로 흥미로운 연구로군. 그래, 당신은 얼마나 오랫동안 여기 머물러 있을 생각이오?」 하고 물었다. 나는 실은 이제 하루밖에 머물 돈이 남아 있지 않다는 것을 정직하게 고백해 버렸다. 그러자 보어 교수는 「어때, 1년간 여기에 머물 수는 없소? 당신을 위해 우리나라 과학 아카데미*의 칼스버그 장학금을 주도록 진행해 봅시다」 하고 말했다. 나는 순간 숨이 막혀 멍하니 있다가 겨우 「네, 네, 그럼요」 하고 대답했다. 이렇게 되자 일은 척척 진행되었다.

슐츠 양은 나를 위해 하베(Have) 양이 경영하고 있는 하숙집에 매우 깨끗한 방 하나를 얻어주었다. 이 하숙집은 연구소에서 불과 두세 구획 정도밖에는 떨어져 있지 않았으며, 이후에는 보어를 찾아 연구하러 오는 젊은 물리학자들을 위한 집결지가 되었다.

연구소에서의 일은 매우 쉬웠고 간단했다. 누구나 하고 싶은 연구를 자기 마음대로 하면 되었고, 오고 싶을 때 연구소에 오고 가고 싶을 때는 언제라도 귀가할 수 있었다. 하베 양의 하숙집에 묵고 있었던 또 한 사람의 젊은 학자는 독일에서 온 막스 델브뤽이었다. 우리는 둘 다 늦잠을 좋아했다. 그래서 하베 양은 우리를 깨우기 위한 좋은 방책을 생각해냈다. 우선 그녀는 내 방에 와서 「가모프 선생 일어나세요. 델브뤽 선생은 벌써 아침을 들고 연구소에 갔는 걸요」 하고 나를 깨우고 아직도 늦잠을 자고 있는 델브뤽의 방에 가서는 「델브뤽 박사님 일어나세요. 가모프 박사는 벌써 일어나셔서 연구소에 간 걸요」 하고 떠든다. 그래서 나와 막스는 세면장에서 서로 얼굴을 맞대게 되곤 하였다. 그렇기는 하나 우리의 연구는 잘 진척되어 가고 있었다. 특히 저녁에는 일이 잘되었다. 밤 시간이란 이론물

---

*현재 나는 이 과학 아카데미의 회원의 한사람이다.

리학자들에게는 가장 자극적이고 생각이 잘 떠오르는 때였다.

그런데 저녁 한때 연구소 도서관에서의 공부는 이따금 보어에 의해 방해되곤 하였다. 도서관에 들어오면 그는 오늘은 매우 피곤하니 영화나 보러 가자고 한다. 그가 좋아하는 유일한 영화는 할리우드식의 서부극이었다. 보어는 영화의 복잡한 줄거리를 잘 몰랐다. 그래서 우호적이거나 적대적인 인디언, 용감한 카우보이, 무법자, 경관, 술집 여자, 금광 채굴자, 기타 서부극의 특유한 인물들 사이에서 일어나는 줄거리를 이해하기 위해 최소한 몇 명의 제자를 데려갈 필요가 있었다. 영화 감상에서도 그는 이론물리학자의 정신을 발휘하곤 하였다. 서부극에서는 언제나 악당이 먼저 권총을 빼들고 쏘는데 왜 주인공 쪽이 더 빨리 악당을 죽일 수 있는가에 대한 이유로 보어는 하나의 이론을 제창했다. 보어의 이 이론은 심리학에 기반을 둔다. 주인공은 절대로 먼저 쏘지 않는다. 그러나 악당은 언제 쏠 것인가를 결정해야 하기 때문에, 이 일이 그의 행동을 방해한다. 이에 반해서 주인공은 악당의 손이 움직이자마자 조건반사에 의해서 자동적으로 권총을 쥐게 된다. 우리는 이 이론에 반대했다. 그래서 다음 날 나는 완구점에 가서 서부극에 나오는 두 자루의 장난감 권총을 사왔다. 우리는 교대로 보어를 쏘았지만, 주인공 역을 맡은 보어는 그의 제자들을 전부 〈쏘아 죽였다〉.

서부극에 영향을 받은 보어의 설(說)은 확률이론에까지 관련된다. 보어는 말한다.

「글쎄 젊은 아가씨가 로키산맥(Rockies)의 어느 좁은 산길을 혼자서 걸어갈 수도 있겠지. 그리고 발을 헛디뎌 낭떠러지에 굴러떨어지다 운이 좋게도 가장자리에 서 있던 소나무를 붙잡고 구사일생할 수도 있겠지. 또 바로 그 순간 멋있는 카우보이가 그 산길을 지나 가다가 이 사건을 목격할 수도 있겠지. 그리고 올가미의 한끝을 말 안장에 동여매고 낭떠러지를 타고 내려가서 그 아가씨를 살려줄 수 도 있을 거야. 그러나 바로 이 사건이 일어나는 같은 때에 카메라 맨까지 마침 그 장소에 있어서 이 극적인 사건을 영화로 찍어 낼 수 있다는 것은 아무리 생각해도 있을 수 없는 일이란 말이야!」

닐스 보어는 젊었을 때 상당한 운동선수였다. 특히 축구에서 는 코펜하겐팀의 최우승 골키퍼였던 그의 동생, 유명한 수학자 하랄 보어(Harald Bohr)에 다음가는 선수였다.

1930년 겨울의 크리스마스 휴가 때 나는 보어와 함께 노르 웨이의 과학자들[로셀란드, 솔베르그(Solberg) 및 노교수 비에르크 네스(Bjerknes)]과 더불어 북극권을 넘어 노르웨이 북부에 스키 를 타러 갔었다. 그때 보어는 45세였는데도 우리 중 누구보다 도 스키를 잘 탔다.

보어에 관해서 이야기하거나 글을 쓸 때 언제나 꼭 넣고 싶 은 이야기가 있는데, 그것은 어느 날 저녁 코펜하겐에서 일어 난 일이다. 그것은 오스카르 클레인이 모국인 스웨덴의 대학 교수로 취임하기에 앞서 베푼 송별 만찬회에 보어 내외, 카시 미르와 나 네 사람이 참석했다가 돌아오는 길에서 일어난 이야 기이다. 밤이 늦었으므로 거리에는 사람 그림자 하나 없었다(오 늘날의 코펜하겐에서는 있을 수 없는 이야기이지만). 돌아오는 길에 우리는 커다란 시멘트 블록으로 쌓아 올린 벽을 가진 은행 건 물 옆을 지나게 되었다. 이 은행 건물의 모퉁이 부근은 시멘트 블록의 수평 방향의 열과 열 사이의 틈이 꽤 깊어서 능숙한 등 산가라면 발판으로 삼기에 충분하였다. 등산 전문가인 카시미

르는 거의 3층 높이까지 올라갔다. 카스가 지상으로 내려오자
이번에는 보어가 등산 경험은 전혀 없었는데도 경쟁에 나섰다.
보어가 위태롭게 겨우 2층 높이 정도까지 매달렸을까 말까 했
을 때, 그리고 보어 부인(Fru)과 카시미르와 나 셋이 근심스럽
게 쳐다보고 있을 때 두 명의 코펜하겐 경관이 권총에 손을 댄
채 우리 뒤에서 다가왔다. 그중 한 사람이 위를 쳐다보고는 옆
에 경관에게 말을 걸었다. 「누군가 했더니 보어 교수 아니요!」
그리고 그들은 더 위험한 은행 강도를 잡기 위해 조용히 사라
져버렸다.

보어의 변덕스러운 행동을 나타내는 이야기라면 또 있다.

그는 티스빌데(Tisvilde)에 있는 보어의 시골 별장 현관 입구
의 문 위에 그는 말굽쇠를 못질해 두었는데 이렇게 하면 행운
을 가져온다는 미신이 있었다. 이것을 본 손님이 소리 높여 말
했다. 「당신 같은 훌륭한 과학자가 어떻게 해서 말굽쇠를 문
위에 매달아 놓으면 그 집에 행운이 온다는 미신을 믿고 있나
요?」 이에 대해서 보어는 「아뇨, 난 절대로 미신을 믿지는 않
습니다」라고 말하며 싱긋 웃으면서 이렇게 덧붙였다. 「그렇지
만 우리가 그것을 믿든 말든 말굽쇠는 우리에게 행운을 가져다
준다더군요.」

파동역학이 발견되고, 하이젠베르크의 불확정성 원리(Uncer-
tainty Principle)가 확립된 후 보어는 전력을 기울여 물리학의
미신적 현상에서의 이양적(二量的)인 입장에 관한 준철학적인 연
구에 몰두했다. 보어에 의하면 모든 물리적 대상은 광양자건
전자건 또는 다른 원자적 입자건 간에 한 동전의 두 면과도 같
은 이중의 성질을 갖는다. 예컨대 한쪽으로는 입자로 취급될

수 있으면서 또 한쪽으로는 파동처럼 움직인다는 것이다. 이 점에 관해서는 5장에 가서 더 자세히 언급하기로 하겠다. 조수인 L. 로젠펠트와의 공동 연구에 의해서 보어는 한 입자에 관한 불확정성 관계를 전자기장의 경우까지 확장했다. 이 연구는 양자전기역학이라 불리는 매우 복잡한 양자론의 한 분야의 기초가 되었다.

여러 해 뒤 중성자가 발견되자 보어는 당시 아직 부분적으로 밖에는 연구되지 않았던 원자핵 반응의 이론에 깊은 관심을 보이게 되었다. 그의 이론에 의하면 충격입자가 원자핵에 뛰어들어가면 당구의 공이 다른 당구공을 차버리는 것처럼 원자핵 안의 다른 입자를 차 내버리는 것이 아니라 얼마 동안(약 1/100억 초) 원자핵 안에 머물러 있으면서 갖고 들어온 에너지를 핵 안의 다른 모든 입자에 분배해 버린다. 그런 뒤에 이 에너지는 감마선 양자의 형식으로 방출되거나 또는 어느 한 입자에 집중되어 이 입자를 차 내버리게 된다는 것이다. 이와 같이해서 가령 러더퍼드가 최초로 발견한 원자핵의 인공변환의 반응은 보통 교과서에 나오는 것처럼

$$_7N^{14} + {}_2He^4 \rightarrow {}_8O^{17} + {}_1H^1$$

이라 쓸 것이 아니라 다음과 같은 2단계의 과정

$$_7N^{14} + {}_2He^4 \rightarrow {}_9F^{18(*)} \rightarrow {}_8O^{17} + {}_1H^1$$

으로 써야 한다는 것이다. 위 식에서 여러 화학 원소의 원자핵 기호의 왼쪽 아래 첨자는 그 원소의 원자번호를, 오른쪽 위 어깨에 붙인 첨자는 고려하고 있는 동위원소의 질량수(質量數)를

각각 표시한다. 과정의 중간 단계에 생기는 단명의 핵 $_9F^{18(*)}$
(플루오린 동위원소의 들뜬상태의 핵)은 복합핵이라 불리고 있다.
이와 같은 생각을 도입함으로써 복잡한 원자핵의 반응 분석이
매우 간단해진다.

1933년 소련을 떠나왔을 때 나는 미국 워싱턴에 있는 조지
워싱턴대학의 물리학 교수로 취임했다. 이듬해에는 나의 오랜
친구이며 보어의 제자였던 에드워드 텔러(Edward Teller,
1908~2003) 박사가 같은 대학에 옮겨 왔다. 그리하여 코펜하겐
패들이 선두에 나서 조직한 결과 조지워싱턴대학 워싱턴 카네
기연구소(Carnegie Institution of Washington)의 공동 주최로
이론물리학회의가 열렸다. 카네기연구소에서는 그때 메를 투브
(Merle Antony Tuve, 1901~1982) 박사가 원자핵물리학에 관한
중요한 실험적 연구를 하고 있었다. 특히 1939년의 회의에서
는 닐스 보어(당시 미국을 방문 중이었다)와 엔리코 페르미(7장 참
조)가 참석하여 맨 앞줄에 앉아 있었기 때문에 특히 출석률이
좋았다. 첫날 회의는 당시 유행했던 여러 문제를 놓고 조용히
지나갔지만 이틀째 회의에서는 극적인 문제가 생겨 회의는 흥
분의 도가니 속에 빠져들었다. 그날 아침 보어는 좀 늦게 출석
했는데 스톡홀름(Stockholm)의 리제 마이트너(Lise Meitner,
1878~1968, 그녀는 그때 나치로부터 겨우 탈출하여 그곳에 도착했
다) 박사에게 받은 무선 전신문을 손에 들고 있었다. 그 전문에
는 그녀의 그전 연구 협력자 오토 한(Otto Hahn, 1879~1968,
1944년 노벨물리학상 수상) 교수와 베를린에 있는 그의 협력자들
이 우라늄의 시료에 중성자를 부딪치게 했는데 바륨 및 크립톤
의 동립원소로 판명된 원소가 나타났다는 것을 전하고 있었다.

그녀와 그의 조카인 이론물리학자 오토 프리쉬(Otto Frisch, 1904~1979)는 이 실험에서 우라늄은 격렬한 충격을 받고 크기가 비슷한 두 덩어리로 분열해 버렸다고 말했다.

독자는 아마도 그날과 그 회의의 나머지 기간 동안 사람들이 얼마나 흥분했었는가를 추측할 수 있을 것이다. 바로 그날 밤 투브의 실험실에서 이 실험이 되풀이되었다. 그 결과 한 개의 중성자에 의해서 우라늄이 핵분열을 일으킬 때 몇 개의 중성자가 다시 튀어나온다는 사실이 밝혀졌다. 연쇄반응에 의한 대규모 핵에너지의 방출 가능성이 이제 열린 것이다. 회의 장소에 신문기자들이 점잖게 앉아 있는 가운데 핵분열의 연쇄반응의 가능성에 관한 찬반양론이 주의 깊게 검토되었다. 보어와 페르미는 기다란 분필을 손에 들고 칠판 앞에 서 있었는데 두 사람은 마치 말 위에서 시합을 벌이고 있는 중세의 기사처럼 보였다. 이리하여 핵에너지는 인간 세계에 파고들어와 우라늄 핵분열 폭탄을 만들게 하고, 원자로를 건설하고, 나중에는 열핵 병기의 발명으로 이끌어 갔다.

2차 세계대전이 시작됐을 때 보어는 코펜하겐에 있었다. 그는 동료들에게 가능한 한 도움을 주기 위해 나치 점령하에 머물러 있기를 결심했다. 그러나 어느 날 보어는 덴마크의 지하 운동 단체로부터 다음 날 아침 게슈타포(Gestapo)가 그를 체포하기로 했다는 전갈을 받았다. 그날 밤 덴마크의 어부가 그를 배에 태워 준트(Sund)해(海)를 건너 스웨덴의 해안으로 옮겨 주었다. 거기서 보어는 영국의 모스키토(Mosquito) 폭격기에 탔다. 이 폭격기는 작아서 보어가 탈 수 있는 자리는 뒤쪽에 있는 총격수가 앉게 될 자리뿐이었다. 이 자리와 조종실 사이의 통신 수단은 기내 전화를 쓰는 길밖에 없었다. 북해상의 어느 지점에 왔을 때 조종사는 보어에게 기분이 어떠냐고 물었다. 그러나 아무런 대답도 없었다. 걱정이 된 조종사는 영국의 공항에 내리자 비행기 후미(後尾)로 뛰어가 충격수실의 문을 열어 젖혔다. 보어는 무사했으며 잘 자고 있었다.

영국으로부터 미국으로 건너온 보어는 곧장 로스앨러모스 (Los Alamos)로 가서 핵분열 폭탄 연구를 하게 되었다. 엄격한 기밀 보장 문제 때문에 보어는 니콜라스 베이커(Nicholas Baker)란 이름을 쓰게 되었다. 그리고 닉(Nick) 아저씨라 애칭되었다. 그 시대의 이야기지만 그가 워싱턴을 방문하고 있던 어느 날, 그는 호텔의 승강기에서 코펜하겐에서 자주 만났던 젊은 여성과 만났다. 그는 원자핵물리학자 폰 할반(von Halban) 박사의 부인으로서 남편과 함께 자주 코펜하겐을 방문하곤 했었다.

「보어 선생님. 다시 만나 뵙게 되어 참 기쁘군요」 하고 그 여성은 인사했다. 「미안합니다만 여사께서는 사람을 잘못 보신 것 같습니다. 저의 이름은 니콜라스 베이커입니다」 하고 보어는 대답했다. 그리고는 군사기밀 규칙을 어기지 않고 정중하게 말을 계속했다. 「그러나 저는 여사를 기억하고 있습니다. 여사는 폰 할반 부인이지요」 그런데 그녀는 대답하기를 「아닙니다. 저는 플락젝 부인입니다」라고 했다. 이유인즉 얼마 전 그는 폴 할반 박사와는 이혼하고 조지 플라젝(George Placzek, 1905~1955, 체코 물리학자)과 재혼했던 것이다. 플라젝 역시 옛날 보어와 오랫동안 같이 연구했던 사람이다.

1960년 봄, 아내와 함께 유럽을 여행했을 때 코펜하겐으로 보어와 그의 가족들이 방문했다. 보어는 그때 티스빌데의 시골 별장에서 여름을 지내고 있었는데 며칠 동안 우리를 손님으로 초대해 주었다. 그는 1928년 내가 그를 처음 만났을 때와 꼭 같아 보였다. 물론 그때보다는 동작이 좀 느리고 약해 보였다. 우리는 최근 물리학의 발달이 가져온 여러 난점에 대해서 여러 가지 흥미 있는 이야기를 주고받았다. 그로부터 2년이 지난 이느 날 라디오로 닐스 보어가 서거하였다는 뉴스를 들었을 때 정말 충격이 컸다.

3장

W. 파울리와 배타원리

블라이담스바이의 방문객 중 가장 특이했던 사람은 뭐니 뭐니 해도 볼프강 파울리(Wolfgang Pauli, 1900~1958, 1945년 노벨물리학상 수상)였다. 1900년 오스트리아의 빈에서 태어난 그는 생의 거의 전부를 취리히(Zurich)의 대학 교수로 지냈다. 그러나 이론물리학에 대해 토론하는 곳이라면 어디건 그는 마치 영감의 마신(魔神)처럼 돌연히 나타났다. 처음에는 아무리 지루하고 흐리터분한 회의일지라도 그가 나타나기만 하면 그의 약간 조롱적으로 퍼지는 웃음소리로 곧장 활기를 띠게 되곤 하였다. 그는 항상 새로운 아이디어를 갖고 있으며 그 육중한 몸을 약간 흔들어 대면서 강단 위를 이리저리 왔다 갔다 하면서 청중에게 말하는 것이 있다. 이와 같은 그의 강연 태도를 시로 읊은 친구가 있는데 지금은 일부밖에 생각나지 않지만 소개하면 다음과 같다.

동료들과 토론할 때가 되면

그의 몸은 흔들흔들.

논문을 변호할 때가 되어도

그의 흔들거림은 멎지를 않네.

눈부셨던 이론도 베일을 벗겨

그의 손톱 끝에 찢겨 버리지.

한번은 아마도 의사의 권유 때문이리라 생각되지만, 파울리가 몸무게를 줄이기로 결심한 일이 있다. 모든 일에서 그러했듯이 이번에도 곧장 성공해 버렸다. 몇 kg씩이나 체중을 줄인 채 코펜하겐에 다시 나타났을 때 그는 완전히 딴 사람처럼 보였다. 쓸쓸하고 슬퍼 보였고 유머도 없었으며 잘 웃어대던 얼굴 대신 불평스러워 보이기만 하였다. 그래서 우리는 그에게 우리와 함께 맛있는 빈의 송아지 커틀릿과 칼스버그 맥주를 마시자고 권했다. 그랬더니 2주일도 안 되어 그는 다시 옛날의 명랑한 모습이 되었다.

정치적으로 파울리는 반(反)나치였으며 〈히틀러 만세(Heil Hitler)〉식으로 오른팔을 쳐들어 올리는 것을 싫어했다. 그러나 단 한 번의 예외가 있었다. 앤아버(Ann Arbor)의 미시간대학에서 강의하던 시절의 이야기이다. 어느 날 밤 그는 호수 위에서 배를 타고 즐겁게 놀다 어둠 속에 발을 헛디뎌 보트에서 떨어지면서 오른팔의 어깨 부분이 부러졌다. 그래서 그는 오른팔에 깁스를 씌운 채 지지막대에 의해서 45° 방향으로 팔을 쳐들어 올려야만 했다. 그가 다시 강의하러 나왔을 때 그는 왼손에 분필을 쥔 채 부득이 나치적인 방식으로 강의할 수밖에 없었다. 그러나 깁스를 뗄 때까지 사진 찍는 것은 거절했었다.

파울리의 경력은 매우 젊었을 때부터 시작된다. 21세 때 그는 상대성이론에 관한 저서를 냈는데 이 책(개정판)은 아직도 상대론에 관한 가장 훌륭한 책 중 하나로 간주되고 있다. 그는 다음의 세 가지 업적으로 물리학사상 가장 유명하다.

1. **파울리의 원리**: 그는 이 원리를 배타원리(Exclusion Principle)라 부르기를 좋아한다.

2. **파울리의 중성미자**: 그는 이것을 20대 초에 착상했는데 이것이 실험적으로 확인되기까지는 30년의 세월이 걸렸다.

3. **파울리 효과**: 매우 불가사의한 현상으로 순수한 실증적 입장에서는 이해할 수도 없고 또 아마 장래에도 이해하기는 힘들 것이다.

잘 알려져 있는 바와 같이 이론물리학자는 실험장치를 잘 다룰 수 없으며 따라서 장치를 만지면 반드시 그것을 고장 내고야 만다. 파울리의 경우는 그가 단지 실험대의 문지방을 지나기만 해도 무엇인가가 반드시 고장 나곤 했다. 그는 그토록 훌륭한 이론물리학자였던 것이다. 그런데 겉으로 보기에 파울리의 존재와는 아무런 관련도 없어 보이는 이상한 사건이 괴팅센의 J. 프랑크(James Franck, 1882~1964, 1955년 노벨물리학상 수상) 교수의 실험실에서 발생하였다. 즉, 어느 날 오후 원자현상을 연구하기 위한 복잡한 장치가 이렇다 할 이유도 없이 깨져버렸다. 프랑크는 이 일을 농조(弄調)로 취리히에 있는 파울리에게 써 보냈다. 며칠 후 덴마크의 우표가 붙은 봉투에 회답이 왔다. 파울리가 말하기를 그는 마침 보어를 방문했는데 프랑크의 실험실에서 발생한 문제의 사건이 일어난 바로 그 시각에 그가 타고 있었던 열차는 괴팅겐 정거장에서 몇 분 동안 정차하고 있었다는 것이다. 독자가 이 일화를 믿든 안 믿든 파울리효과(Pauli Effect)의 실재를 증명하는 관측 사실은 이 밖에도 얼마든지 있다.

전자의 준위에 대한 배당

파울리의 원리는 파울리 효과와 달리 훨씬 잘 확립된 개념으로서 원자 안의 전자 운동과 관련돼 있다. 앞 장에서 우리는 양자궤도, 좀 더 현대식으로 말하면 원자핵을 둘러싼 힘의 쿨롱장(場)에서의 양자 진동 상태*에 관해서 이야기해 왔다. 수소 원자에는 전자가 하나뿐이므로 이 전자는 가능한 에너지 상태

---

*다음 장(章) 참조.

라면 어느 것이건 마음대로 고를 수 있다. 만약 외부로부터의 작용이 없다면 이 전자는 당연히 원자핵에 가장 가까운 낮은 에너지 상태에 있게 된다. 외부로부터 어떤 자극을 받아 더 높은 에너지 상태로 올라가게 되면 수소 원자는 그 특유의 여러 스펙트럼선을 방출하면서 본래의 가장 낮은 바닥상태로 되돌아간다. 그렇다면 원자가 전자를 2개, 3개, 또는 더 많이 갖고 있을 때는 어떻게 될까? 제2장에서 우리는 가장 낮은 상태 (n=1)에 머물러 있을 때의 수소 원자에 관한 두 공식을 유도해 낸 바 있다. 궤도반경 또는 좀 더 정확하게는 이 상태를 기술하는 연속함수의 평균반경은

$$r_1 = \frac{h^2}{4\pi^2 e^2 m}$$

으로 주어지며, 가장 낮은 에너지는

$$E_1 = \frac{2\pi^2 e^4 m}{h^2}$$

으로 주어졌다. 이 두 공식은 전기력이 e^2/r^2이라는 가정하에 얻어진 것이다.

전자 하나가 Ze의 전하를 갖는 원자핵 둘레를 돌고 있다 하자. 단, Z는 원자번호이다. 이 경우 쿨롱힘은 e^2/r^2 대신 Ze^2/r^2이므로 앞의 공식에서 e^2은 Ze^2, e^4은 Ze^2e^4으로 고쳐줄 필요가 있다. 원자번호 Z를 증가시켜 감에 따라 바닥상태의 반경은 Z에 반비례해서 작아지며, 에너지의 절댓값은 Z에 비례해서 커질 것이다. 하나의 전자 대신 z개의 전자가 있다 할 때, 이들이 모두 바닥상태에 꽉 들어박혀 있다면 원소의 주기율표

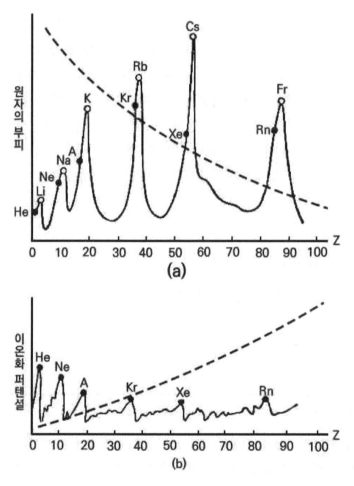

〈그림 15〉 원소의 자연배열에 대한 원자 부피 및 이온화 퍼텐셜값의 변화.
까만 동그라미는 비활성기체를 나타내며 닫힌 원자껍질을 갖는 까
닭에 가장 결합이 강하다. 하얀 동그라미는 알칼리 금속으로 새로
운 껍질을 만들기 시작한다

를 형성하고 있는 원자는 원자번호가 커짐에 따라 그 크기가 점차 작아지며, 더욱더 강하게 속박당할 것이다. 물론 이 논의 를 전개하는 데 있어서 우리는 전자가 상호 간의 정전기적 반 발력에 의해서 서로 밀어내려는 경향이 있다는 사실을 고려할 필요가 있다. 그러나 쉽게 증명될 수 있는 바와 같이 반발력은 무거운 원소로 하여금 상당히 작은 크기로 오그라들게 하려는 경향을 막아낼 수 있을 만큼 강하지는 못하다. 따라서 수소에 서 우라늄에 이르기까지 원자의 부피*는 연속적으로 급격하게 감소되어 〈그림 15〉의 ⓐ의 점선처럼 될 것으로 예상된다. 이 그림의 실선은 실험값을 나타낸 것인데 예상값을 나타내는 점 선과는 전혀 맞지 않아 보인다. 또 만약 원자 내 전자가 가장 낮은 에너지준위에 모두 모여 있다면, 원자로부터 전자 하나를 끄집어내는 데 걸리는 어려움은 가벼운 원자에서 무거운 원자 로 갈수록 커진다(〈그림 15〉의 ⓑ 점선). 이 곡선은 비활성기체 (He, Ne, A, Kr, Xe 등)가 있는 곳에서는 예리한 꼭지점을 갖는 톱니 꼴을 갖는다. 비활성기체는 화학자에게는 잘 알려져 있는 바와 같이 다른 원소 또는 그 자체가 화합하는 일이 거의 없는 원소이다. 그러므로 화학 원소의 전체는 주기적으로 크기가 변 하며 전자를 끄집어내는 데 대해 주기적인 저항을 나타내는 어 떤 계열이라 생각할 수도 있겠다. 즉 결론적으로 말한다면 전자 의 수를 점차 증가시켜 가면 여러 양자 상태가 차지하는 부피 는 줄어들지만, 전자에 의해서 점유되는 상태의 수도 늘어나 원

---

*이 부피는 각 원소에 관한 알려진 원자량 및 밀도로부터 계산될 수 있 다. 즉, 주어진 원소의 매 1㎤의 원소의 무게를 그 원자 하나의 무게로 나눔으로써 얻어진다.

자의 외부 반경은 대략 일정한 값을 유지하게 된다는 것이다. 그러므로 원자 내 전자가 가장 낮은 바닥상태에 꽉 차 있게 되는 것을 막는 어떤 기본적인 물리학 원리가 있어야 한다. 즉 어느 한 준위에 배당된 수의 전자가 차면, 나머지 전자는 더 높은 에너지를 갖는 양자 상태에 머물 수밖에 없다는 것이다. 파울리는 지름양자수(n_r), 방위양자수(n_φ) 및 방위양자수 (n_0)의 세 양자수*로 기술되는 양자 상태 각각에는 **반드시 두 전자**까지만 머물 수 있게 허용된다고 가정한다면 모든 것이 다 잘 설명될 수 있다고 제안했다. 파울리 원리가 처음으로 수식화된 것은 보어의 이론에서였는데, 이에 의하면 이 세 양자수는 전자의 양자궤도의 평균직경, 이심률 및 공간적 방향에 대응한다. 다음 장(章)에서 논할 파동역학에서는 이 세 양자수는 ψ함수의 복잡한 3차원적 진동 운동의 마디 개수를 나타내도록 되어 있다.

파울리 원리를 씀으로써 보어와 그 협력자(물론 파울리 자신을 포함)들은 수소에서 우라늄에 이르는 모든 원자모형을 만들 수 있었다. 그들은 원자의 부피나 이온화 퍼텐셜의 주기성을 설명했을 뿐만 아니라 원자의 모든 다른 성질, 원자 상호 간의 친화력과 원자가, 그리고 훨씬 이전에 러시아의 화학자 D. I. 멘델레예프(Dmitri Ivanovich Mendeleev, 1834~1907)에 의해서 순수한 경험적 견지에서 체계화된 원소의 주기율에 의해서 요약되는 여러 성질들마저 설명할 수 있었다. 이 책의 목적이 원자이론에 대한 자세한 발전사에 있는 것이 아니고 혁명적인 새

---

*간단히 하기 위해 여기서는 양자수에 대한 통상적인 기법은 쓰지 않았다. 어느 과학 분야에서건 전문용어는 그 발전도상 매우 귀찮고 거추장스러운 것으로 변해가므로 복잡해진 개념을 처음으로 접하는 독자들에게 간결하게 설명한다는 것은 매우 힘든 일이다.

착상 기술에 주안을 두는 만큼 원자이론의 자세한 발전 내용을
적는다는 것은 이 책의 범위를 넘기 때문에 생략하기로 하겠다.

자전하고 있는 전자

세 개의 양자수(3차원 공간이므로 당연하지만)를 써서 원자 내
전자의 운동을 기술하는 보어의 이론을 토대로 해서 원자 스펙
트럼의 연구 및 해석은 순조롭게 진행되어갔었다. 그러나
1920년대 초기에 들어서자 갑자기 세 개의 양자수만으로는 불
충분하다는 사실이 밝혀졌다. 제만 효과(Zeeman Effect, 강한
자기장에 의해 스펙트럼선이 몇 개의 성분으로 갈라지는 현상)의 연
구 결과 세 개의 양자수만으로는 설명될 수 없는 여분의 성분
이 있다는 것이 밝혀지고, 이 성분이 왜 생기는가에 대해서는
아무도 설명할 수 없었으므로 그 명칭은 무엇이건 큰 관계는
없었다. 그러다가 1925년에 이르러 네덜란드의 두 물리학자
사무엘 구드스미트(Samuel Abraham Goudsmit, 1902~1978)와
조지 울렌벡(George Eugene Uhlenbeck, 1900~1988)이 대담한
가정을 제안했다. 즉 여분으로 나타난 스펙트럼선의 이 미세분
리는 원자 내 전자의 궤도를 설명하기 위해 필요한 추가적인
양자수에 기인하는 것이 아니라 원자 자체에 기인하는 것이다.
전자가 발견된 이래로 전자는 질량과 전하에 의해서 기술되는
것으로 간주되었다. 그러나 전자를 팽이처럼 축 둘레를 도는
조그마한 하전체라 생각해서 나쁠 일은 하나도 없지 않은가.
만약 그렇다면 전자는 어떤 크기의 각운동량을 가질 것이며 회
전하는 하전체라면 당연히 존재할 자기모멘트도 가질 것이다.
그러면 스펙트럼선 분리의 여분 성분은 전자의 궤도평면에 대

한 전자스핀(전자의 자전을 이렇게 부른다)의 방향 차이에 의해서 설명될 것이다.

이 가설은 사실 잘 들어맞았으며 전자에 적절한 스핀값(즉 역학적 각운동량)과 자기모멘트를 줌으로써 실험가들이 찾아낸 스펙트럼선의 모든 성분을 남김없이 설명할 수 있음이 명백해졌다. 자전하고 있는 전자의 자기모멘트는 알맞게도 소위 **보어 마그네톤**(Bohr's Magneton), 즉 핵 둘레의 회전에 의해 생겨나는 최소의 자기모멘트와 같았다. 그러나 역학적 각운동량에 관해서는 난점이 생겼다. 왜냐하면 자전하고 있는 전자의 역학적 각운동량 값은 원자 내 궤도의 기초 각운동량 $h/2\pi$의 **단지 절반뿐**이란 사실이 밝혀졌기 때문이다.

이 난점을 해결하기 위한 여러 시도가 이루어지다가 4년 후에 P. A. M. 디랙에 의해서 지금까지의 것과는 전혀 다른 방법으로 해결되었다(6장 참조). 왜 자전하고 있는 전자라는 개념을 도입함으로써 원자 내 전자의 운동에 관한 파울리의 원리를 수정했어야만 했는지는 다음과 같다고 생각한다. 기억하고 있을 줄 알지만, 하나의 주어진 양자궤도에는 **오직 두 개**의 전자만이 있을 수 있다는 것이 파울리의 원리였다. 그런데 왜 둘인가? 전자의 자전이 발견된 후로는 본래 파울리의 원리는 수정되어 **서로 반대의 스핀을 갖는 두 개의 전자만**, 즉 「서로 반대 방향으로 회전하는 두 전자만」으로 고쳐졌다.

〈그림 16〉이 이 사정을 도해한 그림이다. (a)는 스핀을 도입하기 이전의 생각에 따르는 것으로서 두 개의 점전자 e_1과 e_2가 같은 궤도 위를 운동하고 있다. (b)는 스핀을 도입한 후의 생각에 따라 그린 것인데 여기서는 두 전자 중 하나(e_1)가 핵

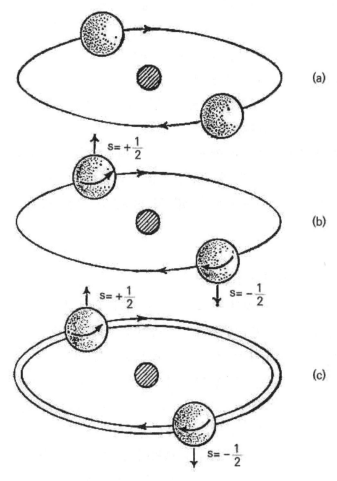

〈그림 16〉 같은 궤도 위를 도는 두 전자의 운동

(a) 본래 파울리의 원리(3개 이상의 전자는 동일한 궤도상에 있을 수 없다)

(b) 수정된 파울리의 원리(동일 궤도상의 두 전자는 반드시 서로 반대되는 스핀을 갖는다. 즉 서로 역방향으로 자전해야 한다)

(c) 재수정된 파울리의 원리. 즉 전자의 자기모멘트에 의해서 생기는 자기력에 의해서 두 궤도는 동일하지 않고, 각 궤도에는 한 개의 전자만 허용된다

둘레 궤도 운동의 방향과 동일한 방향으로 자전하고 있을 때, 다른 또 하나의 전자(e_2)는 역으로 자전할 때에 한해서 이 두 전자는 동일한 궤도 위를 운동할 수 있었다. 덧붙여서 말해 두지만 (b)는 완전히 옳다고는 할 수 없다. 왜냐하면 전자가 운동할 때 전자의 자기모멘트와 원자 내부의 자기장의 상호작용에 의해서 궤도가 약간이지만 변해 버리기 때문에 실제로는 전자를 각각 하나씩 갖는 두 궤도가 생기기 때문이다(c). 이렇게 해서 본래의 궤도에 대한 약간의 분리를 고려에 넣는다면 파울리의 원리는 **각각의 궤도에는 단 하나의 전자만이 허용된다**고 고쳐 쓸 수 있다.

파울리와 원자핵물리학

이제 우리는 파울리가 이룩해 놓은 과학 활동의 전혀 다른 분야, 즉 원자핵물리학 분야에서의 공헌에 관해 말하기로 하자. 다 아는 바와 같이 또는 최소한 누구나 알고 있어야 하는 바와 같이 방사성 원소는 세 종류의 방사선, 즉 알파(α)선, 베타(β)선, 감마(γ)선을 방출한다. 방사성 붕괴의 중요 과정은 α입자의 방출인데 이 α입자는 커다란 덩치의 불안정한 입자로서 러더퍼드에 의해 헬륨(Helium) 원자의 핵임이 증명되었다. 한편 β입자는 전자로서 α붕괴에 뒤따라 방출되는 경우가 많은데 이것은 α입자의 방출로 뒤흔들어진 핵 안의 질량 및 전하 사이의 균형을 바로잡기 위해 방출된다. 끝으로 γ선은 짧은 파장의 전자기파로서 α 또는 β방출에 의해서 야기된 내부 교란에 기인한다. 어느 한 방사성 원소에 대해서 α입자의 에너지는 붕괴 전후의 어미 및 딸핵(核)의 에너지 차에 정확히 일치한다. γ선은

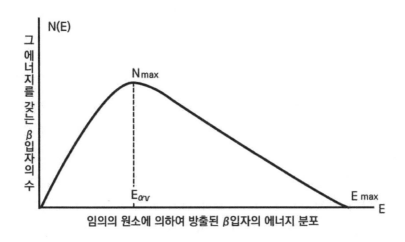

임의의 원소에 의하여 방출된 β입자의 에너지 분포

〈그림 17〉 전형적 β방출 원소에 의한 전형적인 β입자의 에너지 분포곡선

복잡하고 날카로운 스펙트럼선을 갖는다. 사실 γ선의 스펙트럼
선은 광학 스펙트럼보다 더 날카로운 스펙트럼선을 갖는다.

이 사실들은 원자핵이 원자와 마찬가지로 양자화된 체계임을
말해주며 차이점이 있다면 원자핵이 매우 작다는 것뿐이다. 원
자핵이 매우 작다는 것은 양자 법칙에 의하면 에너지준위 사이
의 전이에 따른 에너지가 매우 높다는 것을 뜻한다. 그런데
1914년 제임스 채드윅(James Chadwick, 1891~1974, 1936년
노벨물리학상 수상)이 발견한 바에 의하면 α입자나 γ선의 방출
때와 달리 β입자는 일정한 에너지를 갖지 않아 여러 물리학자
들을 놀라게 하였다. 예상과는 완전히 다르게 β선의 에너지 스
펙트럼은 사실상 0에서 매우 큰 값에 이르기까지 연속적으로
분포돼 있다(그림 17). 에너지의 이와 같은 퍼짐이 β입자가 방
사성 물질로부터 튀어나올 때 생기는 어떤 종류의 내부 손실에

기인하지 않을까 하는 가능성도 고려되었으나 조심스러운 실험
의 결과 그 가능성은 명확히 부정되었다. 이리하여 원자핵 안
에서 에너지의 수지결산 장부는 대차가 맞지 않는다는 중대한
사실에 직면하게 되었다. 이와 같은 실험상의 발견에 힘입어
닐스 보어는 실험의 결과가 그렇다면 에너지 보존법칙은 β방출
또는 (아마도) β흡수 과정에서는 정말로 성립되지 않을지도 모
른다는 급진적 견해를 택했다. 이 시대로 말하면 새로이 제창
된 상대성이론과 양자론에 의해서 고전물리학의 여러 법칙들이
하나하나 부정되고 고전물리학의 법칙 중에 흔들리지 않으리라
생각되는 것은 하나도 없어 보이는 시대이기도 했다. 한 걸음
더 나아가 보어는 β붕괴 과정에서의 에너지 비보존(非保存)이라
는 주장을 통해 별들로부터의 에너지가 영원히 계속돼 보이는
사실을 설명하려고까지 시도하였다. 거의 알려져 있지도 않고
또 정식으로 공표된 일도 없는 이 견해에 의하면 별들은 그 내
부의 핵 물질로 이루어지는 핵심을 갖는데 이 핵심은 매우 크
다(지름이 10^{-12}cm가 아니라 수 킬로미터)는 점을 제외하고는 보통
의 원자핵과 동일한 성질을 갖는다는 것이다. 별들의 이 핵심
들은 불안정할 것이 예상되므로 일정한 에너지를 갖는 β입자를
방출한다는 것이다. 이 핵심은 또한 고에너지의 자유원자와 원
자핵으로 이루어지는 완전히 이온화된 보통의 물질[오늘날에는
플라스마(Plasma)라 불리는]로 둘러싸여 이 외각층의 내부층을
구성하는 전자들의 에너지는 고전론에 따라

$$E = \frac{3}{2}kT$$

에 의해 정해진다. 단 k는 볼츠만상수이고, T는 외곽층의 내부

층 절대온도*이다. 한편 원자핵들로 구성된 핵심의, 사실상 평면이라 볼 수 있는 바깥 경계면에서 방출되는 모든 β입자는 원자핵유체의 내부 성질에 의해서 결정되는 **동일한 에너지**를 갖게 된다. 이 결과 원자핵들로 구성되는 핵심과 그것을 둘러싸는 이온화된 기체(플라스마) 사이에는 물과 그 상부의 포화증기 사이의 평형 때와 비슷한 역학적 평형이 이루어진다. 이때 방사성의 핵심으로부터 튀어나오는 β입자의 수와 외각층으로부터 핵심에 흡수되는 자유전자의 수는 일치한다. 그러나 외각층으로부터 핵심으로 흡수되는 자유전자의 에너지가 그 온도(T)에 의해서 정해지는 데 비해서 핵심으로부터 방출되는 β입자의 에너지는 항상 같으며 어떤 공통된 원자핵 온도(T_0)에 대응한다. 따라서 $T<T_0$이면 원자핵으로 구성되는 핵심으로부터 외각층으로 흘러나가는 정상적인 에너지의 흐름이 생기고, 이 에너지의 흐름이 별 표면에 도달해 별의 표면을 고온으로 유지할 수 있다는 것이다. β선 방출 과정에서 에너지가 보조되지 않기 때문에 핵심에서는 아무런 변화도 일어나지 않으며 따라서 별은 영원히 빛날 수 있다는 것이다. 보어는 이 이론을 약간 비판적인 태도로 들려주었는데, 그 태도는 마치 이 이론이 진짜라 하더라도 별로 놀랄 것은 없다는 태도였다.

---

*전세기 중엽 볼츠만과 맥스웰에 의해서 전개된 열의 역학적 이론에 의하면 열이란 물체를 구성하는 분자들의 운동 이외에 그 무엇도 아니다. 그들이 발견한 바에 의하면 한 분자의 열운동에너지는 절대온도(-273℃의 절대0도로부터 잰 온도)에 비례한다. 실험적으로 정해진 이 비례계수(라기보다는 오히려 그 2/3)는 볼츠만상수라 불린다.

중성미자

파울리는 어떤 의미에서건 보수적이란 말은 어울리지 않는 사람이었으나, 보어의 생각에는 크게 반대했다. 대신에 β선 스펙트럼의 연속성에 의해 깨진 에너지 보존법칙은 그가 중성자라 불렀던 어떤 미지의 입자 방출을 생각함으로써 재확립될 수 있다는 견해를 택했다. 채드윅에 의해서 오늘날 우리가 〈중성자(Neutrion)〉라 부르고 있는 입자가 발견된 후로 〈파울리의 중성자〉는 〈중성자〉라 개칭되었다. 중성미자는 전하를 갖고 있지 않으며 질량도 없는(적어도 질량이 어떻다고 논할 만한 크기의 질량을 갖지 않은) 입자라 가정되었다. 중성미자는 β입자와 짝을 지어 방출되며 그 에너지와 β입자의 에너지 합은 항상 일정하다고 가정되었다. 이것은 물론 그 그립던 에너지 보존법칙이 다시 성립됨을 뜻한다. 그러나 0의 전하, 즉 0의 질량을 갖는 까닭에 검출이 사실상 불가능했으며 가장 숙련된 실험물리학자의 손가락 사이로도 새어 나가곤 했었다.

보어 외에 또 한 사람의 중성미자 공포증 환자 에렌페스트가 있었는데, 이 셋 사이에 격론이 벌어졌고, 이 문제에 관한 방대하지만 절대로 공표된 일이 없는 서한이 교환되곤 하였다.

해를 거듭함에 따라 비록 결정적인 것은 못 되었지만 파울리의 중성미자설에 유리한 증거들이 쌓이게 되었다. 드디어 1955년 로스앨러모스의 두 물리학자 F. 라이네스(Frederick Reines, 1918~1998)와 C. 코완(Clyde L. Cowan, 1919~1974)에 의해서 중성미자의 존재는 의심할 여지없이 확증되었다. 그들은 서배너 강 원자력위원회(Savannah River Atomic Energy Commission) 소속의 원자로에서 빠져나오는 중성미자를 붙잡았던 것이다. 그들은 중성미자와 물질 사이의 상호작용은 매우 작아서 중성미자의 세기를 반으로 줄이는 데는 철판으로 따져 몇 광년의 두께가 필요하다는 것도 발견했다. 오늘날 중성미자의 소립자 현상에서의 위치는 더욱더 높아졌으며 아마도 물리학에서 가장 중요한 소립자가 아닌가 생각된다. 전자와 마찬가지로 중성미자도 회전하고 있는 팽이처럼 행동하며 스핀은 전자의 그것과 정확히 일치한다. 그러나 중성미자는 전하를 갖고 있지 않기 때문에 자기모멘트는 0이다.

뒤에 가서 양성자와 중성자 또한 전자와 같은 크기의 스핀을 가지며, 역시 파울리의 원리에 따른다는 것이 실험적으로 발견되었다. 이 후자의 성질은 원자핵 내부 구조의 문제를 논할 때 매우 중요하다. 그 이유는 원자핵은 핵력에 의해서 굳게 결합된 여러 개의 양성자와 중성자 집단으로 되어 있기 때문이다. 1934년 G. 가모프에 의해서 최초로 지적된 바와 같이, 수소에서 우라늄에 이르기까지 동위원소의 핵을 순서대로 배열해 보면 멘델레예프의 원자주기율표에서의 원자의 화학적 성질 변화와 같은 모양의, 그러나 그보다는 퍽 작은 주기적 변화가 원자핵의 여러 성질 속에서 발견된다. 이 주기성은 원자핵이 원자 외곽(外廓)의 전자껍질 모양의 그리고 아마도 더 복잡한 종류의 껍질구조를 가져야만 한다는 사실을 말해 준다. 원자 외곽의 전자껍질은 전자라는 한 종류의 입자로 구성돼 있는 데 반해서 원자핵은 양성자와 중성자라는 두 종류의 입자로 구성되며, 그 각각에 대해서 파울리의 배타원리가 성립하므로 사정은 복잡해진다. 그러므로 세 개의 양자수에 의해서 결정되는 어떤 에너지준위에는 두 개의 양성자(서로 반대의 스핀)와 두 개의 중성자

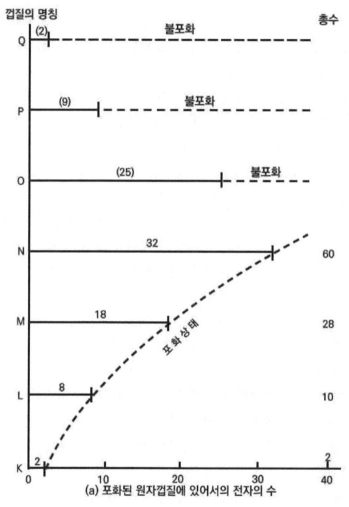

〈그림 18〉 (a) 보어-코스터 원자 배치도에서의 전자껍질 채우기와
(b) 괴퍼트메이어-옌젠 원자핵 배치도에서의 양성자, 중성자 껍질 채우기의 비교

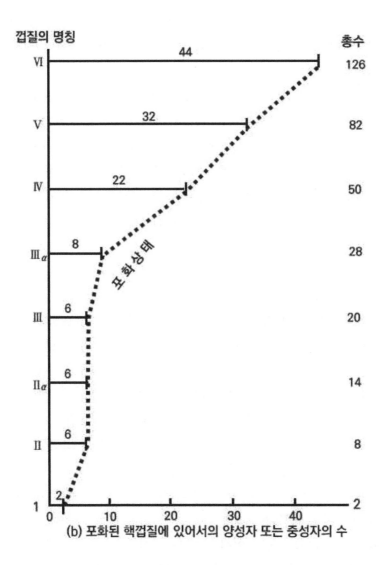

(b) 포화된 핵껍질에 있어서의 양성자 또는 중성자의 수

(반대의 스핀)을 넣어 둘 수 있다. 그러므로 실제로는 양성자, 중성자 각각에 대응되는 서로 겹쳐진 두 계열의 껍질을 갖게 된다. 이에 추가해서 또 한 가지 난점이 있다. 양성자와 중성자 는 핵 안에 빽빽하게 들어차 있기 때문에 에너지준위의 계산은 상당히 복잡해진다. 1949년에 M. 괴퍼트메이어(Maria Goeppert Mayer, 1906~1972, 1963년 노벨물리학상 수상), D. 옌 젠(J. Hans Daniel Jensen, 1907~1973, 1963년 노벨물리학상 수 상) 및 다른 사람들이 드디어 이 문제를 해결했다. 그들은 원자 핵 안의 양성자 및 중성자의 껍질은 그림에 도시한 바와 같이 각각 2, 8, 14, 20, 28 , 50, 82 및 126개씩의 입자를 수용할 수 있다는 것을 증명했다. 이것은 〈마법의 수(Magic Numbers)〉 라 불리며 이것을 씀으로써 물리학자들은 관측된 핵구조의 주 기성을 이해할 수 있게 된 것이다.

파울리 원리에서 또 하나 중요한 응용이 P. A. M. 디랙에 의해서 연구되었다. 6장에서 논하게 되겠지만 그는 물질의 안 정성을 설명하기 위해 이 원리를 썼다. 그의 이론에 기초를 두 고 디랙은 다음 결론에 도달했다. 즉 전자, 양성자, 중성자 또 는 최근 10년간 발견된 여러 소립자들과 같은 소위 〈정입자 (Normal Particle)〉 각각에 대해서 전하가 반대부호인 것을 제 외하고는 똑같은 물리적 성질을 갖는 〈반입자(Anti-Particle)〉가 존재해야 한다는 것이다. 이에 관해서는 6장과 7장에 가서 자 세히 논하기로 하겠다.

이 장을 마치는 데 있어서는 다음 사실을 지적해 주기만 하 면 충분할 것이다. 파울리 원리가 사용되고 있지 않은 현대물 리학의 분야를 찾아내기가 힘들 듯이 볼프강 파울리처럼 타고

난 재능을 갖고 있고 상냥하고 남을 유쾌하게 해주는 인물을
찾아내는 것도 어렵다.

4장

L. 드 브로이와 물질파

루이 빅토르 드 브로이(Louis Victor, Duc de Broglie, 1929년 노벨물리학상 수상)는 1892년 디에프(Dieppe)에서 태어났으며 맏형이 죽은 후 브로이가의 공작이 됐는데 과학자로서는 약간 특이한 경력을 가진 사람이다. 소르본 학생 시절 그는 자기의 일생을 중세사 연구에 바칠 결심을 했다. 제1차 세계대전이 일어나자 그는 프랑스 육군에 입대했다. 대학 출신인 관계로 그는 당시로서는 색달랐던 무선통신대에 배치되었고 그의 흥미 대상은 고딕사원에서 전자기파로 바뀌었다. 1925년 그는 원자 구조에 관한 보어의 이론을 수정할 혁명적인 고찰을 포함하는 박사학위 논문을 제출했는데 대부분의 물리학자들은 이에 대해 매우 회의적이었다. 사실 어떤 사람은 이 드 브로이의 이론을 〈코미디 프랑세즈(La Comedie Francaise)〉라 비꼬기까지 했다.

전시 중 전파 관계의 일을 했으며, 또 실내음악의 감식가이기도 했기 때문에 드 브로이는 원자를 그 구조에 따라 결정되는 어떤 기음(基音)과 배음(倍音)을 방출할 수 있는 일종의 악기 같은 것으로 생각했다. 이 시대에는 이미 보어의 전자궤도의 개념이 원자의 여러 양자 상태를 규정하는 것으로 상당히 잘 확립되어 있었으므로 그는 이것을 그의 파동이론의 기본형으로 삼았다. 그는 주어진 궤도 위를 도는 모든 전자에는 그 궤도에 따라 퍼져 나가는 불가사의한 파일럿파가 부수된다고 상상했다〔이 파동은 오늘날 드 브로이파(波)로 알려져 있다〕. 원자의 제1궤도에는 이 파(波)가 한 개, 제2궤도에는 두 개, 제3궤도에는 세 개 등이 있게 된다. 따라서 첫 번째 파장은 첫 번째 양자궤도의 길이 $2\pi r_1$과 같고 두 번째 파동의 파장은 두 번째 양자궤도의 반(半), 즉 $\frac{1}{2}2\pi r_2$가 된다. 다른 파동에 대해서도 마찬가지

여서 일반적으로 n번째 양자궤도에는 파장 $\frac{1}{2}2\pi r_n$의 n개의 파동이 있게 된다.

2장에서 본 바와 같이 보어원자의 n번째 궤도의 반지름은

$$r_n = \frac{1}{4\pi^2}\frac{h^2}{me^2}n^2$$

이다. 궤도운동에 따른 구심력과 하전입자 사이에 정전기적 인력은 같아야 하므로

$$\frac{mv_n^2}{r_n} = \frac{e^2}{r_n^2}$$

또는

$$e^2 = mv_n{}^2r_n$$

이 성립된다. 이 e^2의 값을 처음 식에 대입하면

$$r_n = \frac{1}{4\pi^2}\frac{h^2n^2}{m} \cdot \frac{1}{mv_n^2r_n}$$

또는

$$(2\pi r_n)^2 = \frac{h^2n^2}{m^2v^2}$$

을 얻는다. 이 식의 두 변의 제곱근을 취하면

$$2\pi r_n = n \cdot \frac{h}{mv_n}$$

를 얻는다. 전자에 부수되는 파동의 파장이 플랑크상수(h)를 입자의 역학적 운동량(mv)으로 나눈 것과 같다고 한다면, 즉

$$\lambda = \frac{h}{mv}$$

라면, 이러한 파장의 **파동 1개, 2개, 3개**…가 보어의 **양자궤도의 첫째, 둘째, 셋째**…**궤도에 꼭 들어맞도록 하자**는 드 브로이의 요망은 만족된다(그림 19). 이렇게 해서 얻어진 결과는 수학적으로 보어의 본래의 양자 조건과 동등하며, 물리학적으로 새로운 것을 가져다주는 것은 아니었다. 말하자면 거기에 있었던 것은 새로운 아이디어에 불과했다. 보어궤도 위를 운동하는 전자에는 그 전자의 질량과 속도에 의해서 결정되는 파장을 갖는 불가사의한 파동이 부수된다는 생각이 새로웠던 것이다. 만약 이 파동이 일종의 물리적 실재(Physical Reality)를 나타낸다면 공간을 자유로이 날아다니는 입자에도 이 파동은 부수되어 있어야 한다. 그런 경우 이 파동이 존재하는가 아닌가 하는 것은 실험에 의해서 밝혀질 것이다. 사실 만약 전자의 운동이 항상 드 브로이파(波)에 의해서 유도된다면 빛의 경우에 특유했던 회절 현상과 비슷한 현상이 전자선에 대해서도 일어날 것이다. (실내 실험에서 보통 사용되는) 수 kV의 전압으로 가속된 전자의 살은 드 브로이의 공식에 따르면 약 10^{-8} cm 정도의 파장을 갖는 파일럿파를 동반한다. 이 파장은 보통 X선의 파장과 같은 정도로서, 보통의 광학적 회절격자(Diffraction Grating)를 써서 회절을 나타내기에는 너무도 짧으므로 표준적인 X선 분광의 기술을 써서 조사해야 한다. 이 방법에서 입사선은 결정의 표면에서 반사되며 또 약 10^{-8} cm 간격으로 배열되어 있는 인접 격

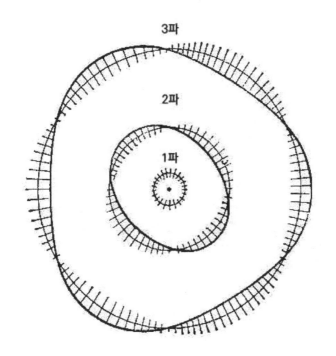

〈그림 19〉 보어의 원자모형에서의 양자궤도에 맞춘 브로이파(波)

자선과 같은 역할을 하게 된다(그림 20). 이 실험은 영국의 조
지 톰슨 경(J. J 톰슨 경의 아들, George Paget Thomson,
1892~1975, 1937년 노벨물리학상 수상)과 미국의 C. 데이비슨
(Clinton Joseph Davisson, 1881~1958, 1937년 노벨물리학상 수
상) 및 L. H. 거머(Lester Halbert Germer, 1896~1971)에 의해
서 거의 동시에 그리고 서로 독립적으로 행해졌다. 그들은 브
래그 부자(아버지 : William Henry Bragg, 1862~1942, 아들 :
William Lawrence Bragg, 1890~1971, 1915년 노벨물리학상 공동
수상)가 행한 X선 실험과 동일한 실험장치와 결정을 썼으며 단

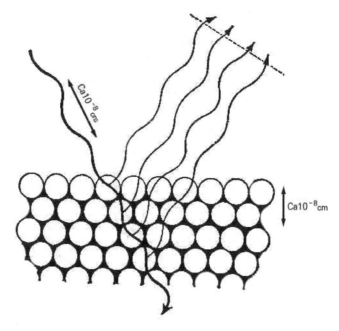

〈그림 20〉 입사파는 그것이 단파장의 전자기파이건 또는 빠른 전자
선에 대응하는 드 브로이파(波)이건 간에 결정격자의 겹
처진 여러 층을 지날 때 소파(小波, Wavelets)를 낸다.
입사각에 따라 간섭무늬가 나타난다(P는 위상면이다)

지 X선 대신 일정 속도의 전자선을 썼다. 실험 결과, 반사살의
방향에 놓은 스크린(또는 사진 건판) 위에 특유한 회절무늬가 나
타났으며 그 무늬의 폭은 입사전자의 속도의 증감에 따라 넓어
지기도 하고 좁아지기도 했다. 측정된 파장은 어떤 경우에도
드 브로이 공식에 의해서 주어지는 파장과 정확히 일치했다.
이와 같이 해서 드 브로이파(波)는 이론의 여지없는 물리적 실
재가 되어버렸다. 그러나 그것이 도대체 무엇인가 하는 것은
아무도 이해하지 못했다.

그 후 독일의 물리학자 오토 슈테른(Otto Stern, 1888~1969, 1943년 노벨물리학상 수상)이 원자선의 경우에도 회절현상이 존재함을 증명했다. 원자는 전자보다 수천 배나 무거우므로 드 브로이파장은 동일 속도에 대해서 그만큼 짧아질 것으로 예상된다. 원자의 드 브로이파장의 크기를 결정층 사이의 거리(약 10^{-8} ㎝) 정도로 만들기 위해서 슈테른은 원자의 열운동을 이용하기로 했다. 열운동을 쓰면 속도의 크기는 단순히 기체의 온도를 변화시킴으로써 조절할 수 있기 때문이다. 또 원자선원은 도자기로 된 원통으로 되어 있고 그 둘레에 감아 놓은 전열선에 의해 가열된다. 밀폐된 원통의 한쪽 끝에 조그만 구멍이 있고 원자는 열운동의 속도로 이 구멍을 통해 진공으로 된 용기 속으로 튀어나가 날아가는 동안 도중에 놓아 둔 결정에 부딪친다. 여러 방향으로 반사된 원자는 액체공기에 의해 냉각된 금속판 위에 붙어버린다. 이 원자의 수를 화학적 미량분석법이라는 복잡한 방법으로 셈한다. 여러 방향으로 산란된 원자의 개수를 산란각에 대해서 그래프를 그려 봄으로써 슈테른은 드 브로이 공식으로부터 계산된 파장에 정확히 대응되는 완벽한 회절무늬를 얻었다. 그리고 무늬의 폭은 원통의 온도가 오르내리는 데 따라 넓어지기도 하고 좁아지기도 하였다.

1920년대 말 나는 케임브리지대학에서 러더퍼드와 함께 연구하고 있었는데 크리스마스 휴가를 파리(그때까지 한 번도 가본 적 없었던)에서 지내볼까 생각하고 드 브로이에게 편지를 써서 그와 만나 양자론에 관한 여러 문제에 대해 의견을 교환하고 싶다는 뜻을 전했다. 그러자 그는 학교는 문을 닫고 있을 것이므로 자택에서 만나자는 회답을 보내왔다. 그는 파리 교외의 고급 주택지인 뇌이쉬르센(Neuilly-sur-Seine)에 있는 호화스런 저택에 살고 있었다. 인상적인 얼굴의 하인이 문을 열어 주었다.

「드 브로이 교수를 뵙고 싶은데요」

「드 브로이 공작이라 말씀하십시오」 하고 문지기는 말대꾸하는 것이었다.

「알았습니다. 드 브로이 공작님을 뵙고 싶군요」 하고 나는 대답했고 집안으로 안내되었다.

값진 가구로 둘러싸인 서재에서 명주옷을 입은 드 브로이와 마주 앉아 나는 물리학에 관해 이야기를 시작했다. 그런데 그는 영어를 한 마디도 하지 않았고 내 프랑스어는 형편없었다. 그래서 나는 부분적으로는 나의 엉터리 프랑스어를 쓰고, 부분적으로는 종이에 공식을 씀으로써 내가 이야기하고 싶은 내용을 그에게 전달했고, 그의 논평을 그럭저럭 이해할 수 있었다.

그로부터 1년도 되기 전에 드 브로이는 왕립협회에서 강연을 하기 위해 런던으로 왔다. 물론 나도 청중의 한 사람이었다. 그는 프랑스 말투가 약간 섞이기는 했으나 완벽한 영어로 훌륭한 강연을 해냈다. 그때 나는 그의 원칙인 다른 한 면을 이해하게 되었다. 즉, 프랑스를 방문하는 외국인은 프랑스어로 말해야 한다는 것을.

그로부터 몇 년이 지나 내가 유럽여행을 계획하고 있었을 때 드 브로이는 그가 소장직을 맡고 있던 앙리 푸앵카레 연구소(Institute of Henri Poincare)에서 특별강연을 해 달라는 부탁을 했다. 나는 잘 준비해 가기로 결심했다. 나는 대서양 횡단 정기선 위에서 나의 빈약한(현재도 빈약한) 프랑스어로 강의 초고를 쓰고 그것을 다리에서 누군가에게 부탁해서 정정한 후 강의 노트로 쓸 계획을 세웠다. 그러나 잘 알다시피 무엇인가 좋은 일을 하려는 결심도 대서양을 항해할 때는 마음이 흩어져 결국 깨져 버리는 수가 많은데, 나도 결국 소르본에서 여러 청중 앞에 아무런 준비 없이 서게 되어 버렸다. 더듬더듬하면서도 나의 강연은 계속되었다. 그럭저럭 나의 프랑스어는 통했고, 내가 알리고 싶어 하는 부분은 모두가 다 이해한 것 같았다. 강연이 끝난 후 나는 드 브로이에게 정정된 강의 노트를 사용한다는 본래의 계획을 실행하지 못한 점에 대해서 사과했다. 그런즉 그는 「아이구 맙소사! 그렇게 안 하시길 참 잘했습니다」 하고 말했던 것이다.

드 브로이는 나에게 영국의 저명한 물리학자 R. H. 파울러 (Ralph Howard Fowler, 1889~1944)가 행한 강연에 관해서 이야기해 주었다. 소르본에서는 프랑스어로 강연을 해야 했기 때문에 파울러는 영어만으로 된 강의 노트를 준비하고 그것을 미리 드 브로이에게 보냈다. 드 브로이는 이 강의 노트를 직접 프랑스어로 번역했다. 따라서 파울러는 타자된 프랑스어 원고를 보면서 프랑스어로 강연을 한 것이다. 드 브로이의 말에 의하면 강연이 끝난 후 한 떼의 학생들이 찾아와 「교수님, 저희들은 매우 당황스러웠습니다. 저희들은 파울러 교수가 영어로 강연하실 줄만 알았고, 또 저희들도 영어 강의를 충분히 이해할 수 있다고 생각하고 있었지요. 그런데 파울러 교수는 영어로 강연하지 않았을 뿐만 아니라 이상한 딴 나라말로 강연하시더군요. 저희들은 어느 나라 말인지 알아내기조차 힘들더군요」라고 했다는 것이다. 드 브로이는 덧붙여서 이렇게 말했다. 「나는 그들에게 파울러 교수가 프랑스어로 강연했었다는 것을 몇 번씩이나 말해 줘야 했지요.」

슈뢰딩거의 파동방정식

원자 내 전자의 운동이 불가사의한 파일럿파에 의해서 이끌린다는 혁명적인 착상을 해내면서도 드 브로이는 이 현상을 엄밀한 수학적 이론으로 발전시키는 데는 좀 게을렀다. 드 브로이의 논문이 발표된 지 약 1년 후인 1926년 오스트리아의 물리학자 에르빈 슈뢰딩거의 논문이 발표되었다. 그는 드 브로이파에 대한 일반적 방식을 유도하고 전자의 모든 종류의 운동에 대해서 이 식이 잘 들어맞는다는 것을 증명했다. 드 브로이의 원자모형이 어떤 진기한 현악기 또는 여러 반경을 갖는 동심원의 진동하는 금속고리의 집합체와 비슷한 것임에 비해 슈뢰딩거의 모형은 관악기와 더 비슷해 보였다. 즉 그가 구상한 원자에서는 원자핵을 둘러싸는 공간 전체를 통해서 진동이 일어나도록 되어 있는 것이다.

중심을 고정시킨 심벌즈(Cymbals)와 같은 평평한 금속판을 생각해 보자(〈그림 21〉의 ⓐ). 이것을 때리면 이 금속판은 그 가장자리를 주기적으로 위아래로 진동시키기 시작할 것이다(〈그림 21〉의 ⓑ). 〈그림 21〉의 ⓒ에 표시된 바와 같은 복잡한 진동[배진동(陪振動): Overtone]도 있다. 이때 원관의 중심 및 이 중심과 가장자리 사이에 있는 원주(圓周, 그림에서 굵은 선으로 그어져 있는 부분) 위의 각 점은 정지하고 있으며, 따라서 이 원주의 안쪽 물질이 위로 올라가면 원주 바깥 물질은 아래쪽으로 운동하고, 그 역도 마찬가지이다. 진동탄성면 위에서 정지하고 있는

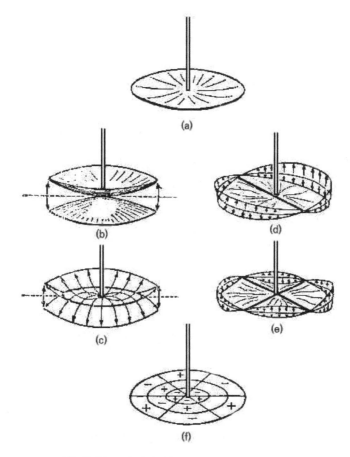

(a) 정지 상태 (b) 중심에 절선이 있는 경우

(c) 원형 절선이 하나 있는 경우

(d) 지름 방향으로 절선이 하나 있는 경우

(e) 지름 방향으로 절선이 두 개 있는 경우

(f) 지름 방향으로 세 개의 절선과 두 개의 원형 절선이 있는 경우

〈그림 21〉 중심을 고정시켜 놓은 탄성원판의 여러 진동 방식

점과 선을 절점(Nodal Point) 및 절한(Nodal Line)이라 하는데 〈그림 21〉의 (c)의 경우를 확장해서 중심 절점 둘레에 두 개 또는 그 이상의 절원을 갖는 높은 배음(陪音)의 경우도 그릴 수 있다.

이와 같은 〈반지름 방향〉의 진동 외에 〈그림 21〉의 (d), (e)에 표시되어 있는 바와 같이 절선이 중심을 지나는 직신이 된 〈방위진동〉도 존재한다. 그림에서 화살표는 평형수평 위치에 관해서 진동막이 올라가는가 내려가는가를 표시한다. 물론 진동막이 반지름 방향의 진동과 방위진동을 동시에 하는 수도 있다. 이때 생겨나는 복잡한 운동 상태는 지름 절선 및 방위 절선의 개수를 나타내는 두 개의 정수 n_r 및 n_φ에 의해서 표시되어야 할 것이다.

복잡성으로 보아 그다음으로 생각되는 것은 예컨대 금속강체구 내부 공기 중에서의 음파와 같은 3차원 진동이다. 이 경우에는 셋째 종류의 절선과 그 개수를 나타내는 제3의 정수 n_l를 도입할 필요가 있다.

이런 종류의 진동은 훨씬 전부터 이론음향학에서 연구되어 왔으며 특히 헤르만 폰 헬름홀츠는 지난 세기에 금속강체구(헬름홀츠의 공명기) 안에 가두어 둔 공기의 진동에 관한 자세한 연구를 해 놓았다. 외부로부터 소리를 안으로 들여보내기 위해 그는 구(球)에 조그만 구멍을 뚫었다. 또 순수한 음도의 소리를 내기 위한 사이렌을 사용했는데 그 음도는 사이렌 원반의 회전 속도를 변화시킴으로써 연속적으로 바꿀 수 있게 해 놓았다. 사이렌 소리의 진동수가 구 내부의 공기 진동수와 일치했을 때 공명이 일어나는 것이 관측되었다. 이 실험의 결과는 음에 대한 파동방정식의 수학적 해(解)와 완전히 일치했는데, 그 내용은 너무도 복잡하므로 이 책에서는 이 정도로 해 둔다.

슈뢰딩거에 의해서 얻어진 드 브로이파(波)에 대한 방정식은 음파나 광파(즉, 전자기파)의 전파에 관해 잘 알려진 파동방정식과 매우 닮아 있었다. 그러나 대관절 무엇이 진동하고 있는가 하는 의문은 그 후 수년간 신비에 싸인 채로 남아 있었다. 이 문제에 관해서는 다음 장에서 다시 논하기로 하겠다.

수소 원자 안에서 전자가 양성자 둘레를 돌고 있는 상황은 구상의 강체용기 안에서의 기체의 진동과 어느 정도 닮아 있다. 단지 헬름홀츠판 공명기에서는 기체가 더 이상 퍼져 나가는 것을 막고 있는 강체벽이 있는 데 비해 원자 내 전자는 중심에 있는 원자핵의 전기적 인력에 따라 운동하므로, 전자가 중심으로부터 멀리 떨어져 나갈수록 그 운동은 속력이 느려져 운동에너지에 의해 허용된 어느 한계점에 가서는 멎어버리게 된다. 이 두 경우를 도시(圖示)한 것이 〈그림 22〉이다. 〈그림 22〉의 (a)는 원통형의 〈퍼텐셜 우물(Potentiai Hole : 어떤 점 근방에서 퍼텐셜 에너지의 값이 작아진 것)〉을 나타내며, 〈그림 22〉의 (b)는 땅 속에 뚫린 깔때기처럼 생긴 퍼텐셜 우물을 표시한다. 수평선에 평행한 선들은 양자화된 에너지준위를 나타내며 그중 가장 낮은 선은 입자가 가질 수 있는 가장 낮은 에너지준위에 대응한다. 〈그림 22〉의 (b)와 2장의 〈그림 12〉를 비교해 봄으로써 우리는 슈뢰딩거 방정식을 토대로 해서 계산된 수소 원자의 준위와 보어의 고전 양자궤도 이론으로부터 얻어지는 준위가 동일함을 알 수 있다.

물리학적인 측면은 전혀 다르다. 즉 고전론에서처럼 뚜렷한

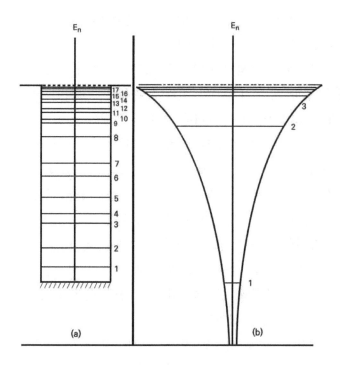

(a) 원통형의 퍼텐셜 우물
(b) 깔때기 모양의 퍼텐셜 우물에서의 양자화된 에너지준위
〈그림 22〉

원이나 타원궤도가 있고 그 궤도에 따라 점상의 전자가 돌고 있다는 것이 아니고, 양자론에서는 여러 가지 모양의 진동을 하는 안이 가득 찬 그 무엇으로 원자가 표현된다. 이 무엇을 파동역학의 초기에는, 별도로 좋은 이름이 없었기에 φ(그리스문 자의 프사이)함수라 불렸다.

〈사진 1〉 1931년 겨울 코펜하겐에서 찍은 이 사진에서 가운데 오토바이를 탄 것이 저자이다. 소련에서 온 L. 란다우는 왼쪽에서 삼륜차에 타고 있고 헝가리에서 온 E. 텔러는 오른쪽에서 스키를 타고 있다. 란다우 옆에 소년은 오게 보어로, 그의 아버지 연구소 소장이다. 텔러 옆에 있는 소년은 어니스트 보어이다(촬영자는 아마도 H. A. 카시미르 박사라 생각된다)

〈사진 2〉 J. J. 톰슨 경과 러더퍼드 경
(데이비드 슈버그 촬영)

〈사진 3〉 오토바이를 즐기는 보어
부부(저자 촬영)

〈사진 4〉 G. 가모프와 W. 파울리. 스위
스의 호상기선에서(촬영자 미상)

〈사진 5〉 수영을 즐기는 W. 하이젠베르크(촬영자 미상)

〈사진 6〉 N. 보어와 A. 아인슈타인.
1930년 브뤼셀에서 열린 솔
베이 회의 때 찍은 것이라 추
측된다(촬영자 미상)

〈사진 7〉 조지 가모프가 레온 로젠펠트와 산정에서
원자핵물리학에 관한 문제를 토론하고 있다
(루돌프 파이얼스 촬영)

〈사진 8〉 파울 에렌페스트 교수가 청중에게 어려운
대목을 설명하고 있다(S. 가우트 슈미트 박
사가 촬영한 것으로 추측)

〈사진 9〉 1930년에 열린 코펜하겐 회의의 한 장면
앞줄(왼쪽에서 오른쪽으로) : 클레인, 보어, 하이젠베르크, 파울리, 가모프, 란다우, 크라머르스

〈사진 10〉 풍자극 파우스트가 상영된 코펜하겐 회의의 대표적 한 장면(1932년 봄)
앞줄(왼쪽에서 오른쪽으로) : N. 보어, P. A. M. 디랙, W. 하이젠베르크, M. 델브뤼크, 리제 마이트너
뒷줄 : 여러 유명한 천재 학자들이 앉아 있다. 소련에 억류되어 있던 관계로 저자는 이 회의에 참석할 수 없었다

〈사진 11〉 1930년 10월 20~26일에 브뤼셀에서 열린 솔베이 국제물리학연구소 제6회 물리학 회의

앞줄(왼쪽에서 오른쪽으로) : Th. 드 동데르, P. 제만, P. 바이스, A. 조머펠트, M. 퀴리, P. 랑주뱅, A. 아인슈타인, O. 리처드슨, B. 카브레라, N. 보어, W. J. 드 하즈

뒷줄 : E. 헤르젠, E. 앙리오트, J. 버샤펠트, 마네박, A. 코튼, J. 에레라, O. 슈테른, A. 피카르, W. 게를라흐, C. 다윈, P. A. M. 디랙, H. 바우어, P. 카피차, L. 브릴루앙, H. A. 크라머르스, P. 디바이, W. 파울리, J. 돌프만, J. H. 반 블랙, E. 페르미, W. 하이젠베르크(벤저민 쿠프리 촬영)

〈사진 12〉 1933년 10월 22~29일에 브뤼셀에서 열린 솔베이 국제물리학연구소 제7회 물리학 회의.

앞줄(왼쪽에서 오른쪽으로) : E. 슈뢰딩거, I. 졸리오, N. 보어, A. 조페, 퀴리, P. 랑주뱅, O. W. 리처드슨, 러더퍼드 경, Th. 동데르, M. 드 브로이, L. 브로이, L. 마이트너, J. 채드윅

뒷줄 : E. 앙리오트, F. 페린, F. 졸리오, W. 하이젠베르크, H. A. 크라머르스, E. 슈타엘, E. 페르미, E. T. S. 월튼, P. A. M. 디랙, P. 디바이, N. F. 모트, B. 카브레라, G. 가모프, W. 보테, P. 블래킷, M. S. 로젠블럼, J. 에레라, Ed. 바우어, W. 파울리, J. E. 버샤펠트, M. 코진스(뒤), E. 헤르젠, J. D. 콕크로프트, C. D. 엘리스, R. 파이얼스, Aug. 피카르, E. O. 로런스, L. 로젠펠트(벤저민 쿠프리 촬영)

여기서 한 가지 말해 두어야 할 것은 〈그림 22〉의 (a)에 표시되어 있는 우물형 퍼텐셜 분포가 원자핵 안의 양성자와 중성자의 운동을 기술하는 데 매우 유용하다는 것이 밝혀졌다는 사실이다. 실제로 뒤에 가서 이 퍼텐셜은 마리아 괴퍼트메이어 및 한스 옌젠에 의해서 제각기 독립적으로 원자핵 안에서의 에너지준위 및 방사성 원자핵의 γ선 스펙트럼의 기원을 해명하는 데 사용되어 성공을 거두었다.

ψ진동의 여러 진동 방식에 대한 진동수는 원자로부터 방출되는 광파의 진동수에는 대응되지 않고, 여러 양자 상태의 에너지를 h로 나눈 값에 대응하고 있다. 따라서 스펙트럼선의 방출에는 두 개의 들뜬 진동 방식이 필요하다. 예컨대 그것을 Ψ_m 및 Ψ_n이라 한다면 얻어질 진동수는

$$v_{m,n} = \frac{E_m}{h} - \frac{E_n}{h} = \frac{E_m - E_n}{h}$$

으로 주어진다. 이 식은 원자 내 전자가 에너지준위에서 그보다 낮은 에너지준위인 E_n으로 전이했을 때 방출하는 광양자의 진동수를 보어의 식으로 표시한 것과 일치한다.

파동역학의 응용

양자궤도라는 보어의 독특한 착상에 한층 더 합리적 기반을 제공하고, 몇 가지 모순성을 제거한 것 외에도 파동역학의 범위를 넘는 여러 현상도 설명할 수 있었다. 2장에서 이야기한 바와 같이 필자와 로날드 거니 및 에드워드 콘돈 팀은 서로 독립적으로 슈뢰딩거의 파동방정식을 방사성 원소로부터의 α입자

방출과, α입자가 가벼운 원소의 원자핵을 뚫고 들어가 이 원소를 다른 원소로 변환시키는 현상에 응용하여 성공을 거두었다. 이 복잡한 현상을 이해하기 위해 원자핵을 사방이 높은 벽으로 둘러싸인 성채에 비유해 보자. 원자핵물리학에서는 이와 같은 성체를 **퍼텐셜 장벽**(Potential Barrier)이라 부른다. 원자핵과 α입자는 모두 양(量)의 전하를 갖고 있으므로 원자핵으로 접근해 들어가는 α입자에는 강한 쿨롱반발력*(Repulsive Coulomb Force)이 작용한다. 이러한 반발력을 받는 결과, 원자핵을 향해 입사된 α입자는 원자핵에 도달되기 전에 저지된 후 되밀려 나가게 된다. 한편 원자핵 안에 그 구성 성분으로서 존재하는 α입자는 매우 강한 핵인력(보통 액체의 응집력과 비슷한)을 받기 때문에 핵에서 벗어날 수 없다. 이 핵력(核力)은 입자가 꽉 차 있어서 서로 직접 접촉하고 있을 때에만 작용한다. 이 두 종류의 힘의 작용에 의해서 퍼텐셜 장벽이 생기므로 α입자의 운동에너지가 충분히 커서 퍼텐셜 장벽을 넘어가지 않는 한 이 장벽 내부에 있는 α입자는 밖으로 나갈 수 없게 되고, 밖에 있는 α입자는 안으로 들어올 수 없게 된다.

그런데 러더퍼드는 실험적으로 우라늄이나 라듐 등의 여러 방사성 원소에서 방출되는 α입자는 장벽을 넘어가는 데 필요한 에너지보다 훨씬 적은 운동에너지밖에 갖고 있지 않다는 사실을 발견했다. 또, 밖으로부터 원자핵으로 입사된 입자는 퍼텐셜 장벽의 꼭대기에 도달하는 데 필요한 에너지보다 작은 에너지

---

*전기 현상 연구의 초기, 프랑스의 물리학자 샤를 드 쿨롱은 하전입자 사이에는 그 전하의 곱에 비례하고 두 입자 사이의 거리의 제곱에 반비례하는 힘이 작용한다는 것을 발견했다. 이것을 쿨롱의 법칙이라 한다.

를 갖고도 때때로 원자핵 내부로 뚫고 들어가 원자핵의 인공변
환을 일으킨다는 것도 발견됐다. 고전역학의 기본 원리에 의하
면 이 두 현상은 절대로 일어날 수 없다. 즉 α입자를 방출하는
원자핵의 자연붕괴도 일어날 수 없고, α입자 충격에 의한 원자
핵의 인공변환도 있을 수 없다. 그러나 이 두 현상은 실험적으
로 관측되었다.

이것을 파동역학이라는 관점에서 보면 완연히 달라진다. 왜
냐하면 입자의 운동은 드 브로이의 파일럿파에 의해서 규정되
기 때문이다. 고전적 기하광학에 대한 파동광학의 관계가 고전
적 뉴턴역학에 대한 파동역학에 대해서도 성립한다는 사실을
생각한다면 고전적으로는 불가능한 이들 현상도 파동역학에 의
해서 설명할 수 있다는 것을 이해할 수 있다. 유리면을 향해
입사각(i)으로 입사된 빛은 스넬(Willebrord van Roijun Snell,
1591~1626)의 법칙에 의해 sin i/sin r=n이란 조건을 만족시
키는 더 작은 각(角) r방향으로 굴절된다(〈그림 23〉의 ⓐ). 단 n
은 유리의 굴절률이다. 빛의 진로를 반대로 해서 유리를 지나
온 빛을 공기 중으로 빠져나가게 했을 때 굴절각은 입사각보다
크고, sin i/sin r=1/n의 관계를 만족시킨다. 그러므로 어떤
한 임계치보다 큰 입사각으로 유리와 공기의 경계면으로 입사
된 빛은 공기 중으로는 전혀 빠져나갈 수 없고 완전히 유리 속
으로 전반사되어 되돌아간다(〈그림 23〉의 ⓑ). 그러나 빛의 파동
이론에 의하면 사정은 전혀 달라진다. 즉, 전반사되는 광파는
두 물질 사이의 수학적 경계에서 반사되는 것이 아니라 제2매
질 쪽(위의 경우에는 공기 쪽)으로 파장(λ)의 몇 배의 거리까지
스며나갔다가 다시 제1매질 쪽으로 되돌아가게 된다(〈그림 23〉

의 ⓒ). 따라서 만약 수 파장(가시광선에서는 수 미크론)의 거리에 또 한 장의 유리판을 놓으면 공기 중으로 스며 나온 빛의 일부는 이 제2의 유리면에 도달되어 본래의 진행 방향과 같은 방향으로 진행할 것이다(〈그림 23〉의 ⓓ). 이 현상에 관한 이론은 이미 1세기 전에 출판된 광학서적에도 나와 있으며 여러 대학의 광학에 관한 강좌에서 대표적인 수업 실험의 하나다.

마찬가지로 α입자나 기타 여러 원자적 입자들의 운동을 규정하는 드 브로이파도 고전적 뉴턴역학에 의해서는 금지되어 있는 공간 영역을 꿰뚫고 지나갈 수 있다. 따라서 α입자, 양성자 등도 그들 자신의 입사 에너지값보다 높은 퍼텐셜 장벽을 지나갈 수 있다. 그러나 이와 같은 관통의 가능성은 입자가 원자 정도의 질량을 가지며, 장벽의 폭이 $10^{-12}\sim10^{-13}$cm보다 넓지 않을 때 비로소 물리학적으로 중요한 의미를 갖게 된다. 한 예로 우라늄 원자를 생각하자. 이 원자는 약 10^{10}년 간격으로 한 개의 α입자를 방출할 뿐이다. 우라늄의 퍼텐셜 장벽에 둘러싸인 α입자는 1초 동안에 10^{21}회 정도나 장벽에 부딪친다. 이것은 한번 충돌할 때마다 밖으로 빠져나갈 확률이 $1/10^{10}\times\ 3\cdot10^{7}\times10^{21}$ $\cong3\cdot10^{-39}$임을 뜻한다[$3\cdot10^{7}$은 1년을 초(秒)로 계산한 것이다]. 마찬가지로 α입자, 전자 등의 원자적 입자들이 원자핵에 부딪칠 때마다 그 안으로 들어갈 확률은 매우 작다. 그러나 매우 많은 수의 원자핵 충돌이 일어날 때는 그 확률이 커질 수도 있을 것이다. 1929년 프리츠 후터만스(Fritz Houtermans)와 로버트 앳킨슨(Robert Atkinson)은 활발한 내부 열운동에 의해서 이루어지는 원자핵 충돌, 즉 열핵반응이 태양이나 항성에서의 원인이 될 것임을 발표했다. 현재 여러 물리학자들은 소위 **제어된 열핵**

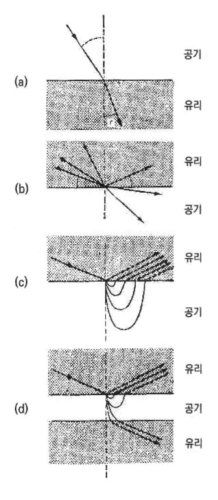

공기

유리

유리

공기

유리

공기

유리

공기

유리

(a)

(b)

(c)

(d)

(a)는 소(疎)한 매질로부터 밀(密)한 매질로 빛이 진행할 때에 굴절을 나타내는 그림이며, (b)는 앞의 경우의 역으로서 빛이 밀(密)한 매질로부터 소(疎)한 매질로 입사할 때, 입사각이 어떤 임계치를 넘어서면 경계면에서 전반사가 일어날 수 있음을 나타내고 있다.

빛의 파동설에 의하면 반사는 두 매질을 갈라놓는 수학적 경계면에서 일어나는 것이 아니라 몇 파장 정도의 가루 내에서 일어난다. 따라서 제1의 밀한 층에서 몇 파장 떨어져 있는 곳에 제2의 밀(密)한 층을 놓아두면 입사광의 일부는 전반사되지 않은 채 제2의 층으로 스며나가 본래의 진행 방향으로 진행한다. 마찬가지로 파동역학에 의해서 몇몇 입자들은 그 입자들이 갖는 운동에너지보다 더 높은 퍼텐셜의 값을 갖기 때문에 고전론에서는 금지되어 있는 영역까지도 꿰뚫고 나갈 수 있다

〈그림 23〉 파동역학과 파동광학 사이의 유사성

반응을 일으키기 위해 열심히 일하고 있다. 이것이 실현되는 날, 우리는 값싸고 무해한 원자핵 에너지원을 무한대로 공급받게 될 것이다. 이 모든 것도 뉴턴의 고전역학이 드 브로이-슈뢰딩거의 파동역학으로 대치되지 않았다면 불가능했을 것이다.

5장

W. 하이젠베르크와 불확정성 원리

파동역학에 관한 슈뢰딩거의 논문이 『물리학년보』에 게재될 무렵, 또 하나의 독일 학회지인 『물리학잡지』에는 괴팅겐대학의 베르너 하이젠베르크(Werner Karl Heisenberg, 1901~1976, 1932년 노벨물리학상)의 논문이 실렸다. 그는 이 논문에서 슈뢰딩거와 동일한 문제를 다루었으며 완전히 같은 결론에 도달했다. 그런데 이 두 논문을 읽어본 물리학자들은 이 두 논문이 완전히 다른 물리적 가정에서 출발했으며 수학적 방법도 전혀 달라서 무엇 하나 서로 관련된 것이 없다는 것에 놀라워했다.

앞 장에서 논술한 바와 같이 슈뢰딩거는 원자 내 전자의 운동을 원자핵을 둘러싸는 일반화된 3차원의 드 브로이파(波)에 의해서 이끌리는 것으로 생각했다. 이 파동의 모양과 진동수는 전기력과 자기력의 양(場)에 의해서 결정된다고 생각했다. 이에 반해서 하이젠베르크는 더 추상적인 모형을 고안해냈다. 그는 원자를 취급하는 데 있어 마치 무한개의 가상적인 진동자로 구성돼 있으며, 그 진동수는 원자가 방출할 수 있는 모든 진동수를 망라한다고 생각했다. 그러므로 슈뢰딩거의 생각에 의하면 진동수 $v_{m,\,n}$을 갖는 스펙트럼선의 방출이 두 개의 진동함수 ψ_m과 $\psi_n{}^*$의 〈협동적인 결과〉라 보이는 데 비해서, 하이젠베르크의 모형에서는 이 스펙트럼선이 개개의 진동자 $v_{m,\,n}$에 의해서 방출된다는 것이다.

고전역학에서 선형진동자는 두 수에 의해서 기술된다. 하나는 평형위치로부터의 변위를 나타내는 q이고 또 하나는 그 속도 v로서 모두 주기적인 시간 변화를 한다. 해석역학에서는 속

---

*간단히 하기 위해서 여기서는 각 진동의 방식에 대하여 3양자수 대신 한 개만을 사용하기로 한다.

도 v 대신 입자의 질량에 속도량(p=mv)으로 정의되는 역학적 운동량*을 쓰는 것이 보통이다. 진동자에 작용하는 힘의 법칙이 주어지면 이 진동자는 잘 정해진 진동수를 갖게 된다. 한편 광학적 스펙트럼은 2차원의 배열을 지닌

$\nu_{m,\,n}$	ν_{11}	ν_{12}	ν_{13}	ν_{14}	ν_{15}	ν_{16}	등
	ν_{21}	ν_{22}	ν_{23}	ν_{24}	ν_{25}	ν_{26}	등
	ν_{31}	ν_{32}	ν_{33}	ν_{34}	ν_{35}	ν_{36}	등
	ν_{41}	ν_{42}	ν_{43}	ν_{44}	ν_{45}	ν_{46}	등
	등	등	등	등	등	등	등

모양의 진동수를 갖는다.

이와 같은 배열은 **행렬**(Matrices)이라 불리는데 수학자들에게는 오래전부터 알려져 있었으며 대수학에 관한 여러 문제를 푸는 데 사용되어 성공을 거두고 있었다. 행렬은 첨자 m과 n이 1에서 시작해서 어떤 유한한 정수까지의 값을 취할 수 있을 때 **유한행렬**이라 하며, m과 n이 모두 무한대까지 값을 취할 수 있을 때는 **무한행렬**이라 한다. 사실 수학에서는 임의의 주어진 행

*아이작 뉴턴이 **운동의 양**이라 불렀던 **역학적 운동량**의 개념은 그의 저서인 『자연철학의 수학적 원리(Mathematical Principles of Natural Philosophy)』 속에 도입되었으며, 제2법칙과 제3법칙을 결합시켜 얻어졌다. 처음에 정지하고 있었던 두 입자가 서로 상호작용을 한다면 둘 사이에 작용하는 힘 F_1과 F_2는 크기가 같고 방향이 반대이다. 한편 상호작용이 작용하고 있는 동안에 얻은 속도(v_1 및 v_2)는 두 입자의 질량(m_1 및 m_2)에 반비례한다. 이리하여 두 운동의 양(또는 오늘날 우리가 부르는 바와 같이 역학적 운동량)은 서로 크기가 같고 방향이 반대이다. 이것이 유명한 **역학적 운동량**의 보존법칙이다.

렬(유한 또는 무한)을 단 하나의 고딕 문자로 표시하는 한 분야
가 개척돼 있다. 즉, a는 다음 행렬을 뜻한다.

a_{11}	a_{12}	a_{13}	a_{14}	a_{15}	a_{16}	등
a_{21}	a_{22}	a_{23}	a_{24}	a_{25}	a_{26}	등
a_{31}	a_{32}	a_{33}	a_{34}	a_{35}	a_{36}	등
등	등	등	등	등	등	등

보통의 수와 마찬가지로 행렬 역시 서로 합하기도 하고 빼기
도 하며, 곱하기도 하고 나누기도 할 수 있다. 행렬의 가법(加
法)과 감법(減法)은 보통의 수의 가법 및 감법과 마찬가지로 서
로 대응하는 항을 각각 합하거나 빼면 된다. 예컨대

$a \pm b =$

$a_{11} \pm b_{11}$	$a_{12} \pm b_{12}$	$a_{13} \pm b_{13}$	등
$a_{21} \pm b_{21}$	$a_{22} \pm b_{22}$	$a_{23} \pm b_{23}$	등
$a_{31} \pm b_{31}$	$a_{32} \pm b_{32}$	$a_{33} \pm b_{33}$	등
등	등	등	등

이 정의로부터 행렬의 가법은 가환칙(可換則)을 만족시킴을 알
수 있다. 즉 a+b=b+a로서 이것은 3+7=7+3 또는 a+b=b+a와
같다. 그러나 승법(乘法)과 제법(除法)은 더 복잡하다. 곱 ab의
제m행과 제n열의 항을 얻으려면 (a)의 m행 전부의 항과 (b)의
n열 전부의 항을 순서대로 서로 곱하고 그 곱을 전부 합쳐야만
한다. 다음과 같이 표시할 수 있다.

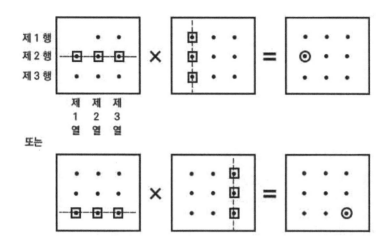

이 그림에서 곱을 나타내는 행렬(셋째 번 행렬)의 항 중 동그라미를 친 점은 처음 두 행렬의 사각형을 친 점들끼리의 곱의 합을 나타낸다.

곱셈에 관한 이 과정에 친숙해지기 위해 행렬의 요소로서 문자가 아닌 숫자를 써서 두 행렬의 곱을 계산해 보기로 하자. 예컨대

1	3	5		3	5	4		16	23	32
2	5	1	×	1	1	1	=	13	18	18
4	3	2		2	3	5		19	29	29

왜냐하면 $1 \times 3 + 3 \times 1 + 5 \times 2 = 16$, $1 \times 5 + 3 \times 1 + 5 \times 3 = 23$ 등이기 때문이다.

이번에는 곱셈의 순서를 바꾸어 보자. 그러면

$$
\begin{bmatrix} 3 & 5 & 4 \\ 1 & 1 & 1 \\ 2 & 3 & 5 \end{bmatrix}
\times
\begin{bmatrix} 1 & 3 & 5 \\ 2 & 5 & 1 \\ 4 & 3 & 2 \end{bmatrix}
=
\begin{bmatrix} 29 & 46 & 28 \\ 7 & 11 & 8 \\ 28 & 36 & 23 \end{bmatrix}
$$

이 되어 얻어진 결과는 앞의 결과와는 전혀 다르다. **곱셈의 가환칙**(commutative law)**은 산술이나 대수**(代數)**에서는 당연한 것이 되어 있으나 행렬 계산에서는 성립되지 않는다.** 행렬을 쓰는 계산이 **비가환대수**라 불리는 이유는 바로 여기에 있다. 그렇다고 어느 두 행렬에 대해서 곱의 순서를 바꾸면 반드시 결과가 달라진다는 것은 아니라는 데 주의해야 한다. 순서를 바꾸었을 때 그 결과가 동일해지면 두 행렬은 **가환**(可換)이라 하며, 서로 다르면 **비가환**(非可換)이라 부른다.

행렬의 나눗셈도 보통의 대수학에서와 동일하게 정의된다. 보통의 대수학에서는 $a/b = a \cdot 1/b$이며, $1/b$(주어진 수 b의 역수)은 $b \cdot 1/b = 1$을 만족시킨다. 비가환대수학에서도 $a/b = a \cdot 1/b$이며 $1/b$는 $b \cdot 1/b = 1$의 관계를 만족시킨다. 단, 1은

$$
1 = \begin{array}{|cccccc}
1 & 0 & 0 & 0 & 0 & 등 \\
0 & 1 & 0 & 0 & 0 & 등 \\
0 & 0 & 1 & 0 & 0 & 등 \\
등 & 등 & 등 & 등 & 등 & 등
\end{array}
$$

을 표시한다.

하이젠베르크에 의하면 원자로부터 방출되는 스펙트럼선의

진동수가 무한차원의 행렬

$\nu_{m,\,n}$

ν_{11}	ν_{12}	ν_{13}	ν_{14}	등
ν_{21}	ν_{22}	ν_{23}	ν_{24}	등
ν_{31}	ν_{32}	ν_{33}	ν_{34}	등
등	등	등	등	등

에 의해서 표시되는 것과 마찬가지로 속도나 운동량과 같은 역학량 또한 행렬의 행태로 표시되어야 한다는 것이다. 즉 역학적 운동량이나 좌표도 행렬

$p=$

p_{11}	p_{12}	p_{13}	p_{14}	등
p_{21}	p_{22}	p_{23}	p_{24}	등
p_{31}	p_{32}	p_{33}	p_{34}	등
등	등	등	등	등

$q=$

q_{11}	q_{12}	q_{13}	q_{14}	등
q_{21}	q_{22}	q_{23}	q_{24}	등
q_{31}	q_{32}	q_{33}	q_{34}	등
등	등	등	등	등

에 의해서 표시되어야 한다. 단, 여기서 p_{mn}이나 q_{mn}의 값은 위 식의 진동수 행렬의 요소(v_{mn})를 갖고 진동한다.

p와 q를 고전역학의 방정식에 대입하면 여러 가지 〈가상적〉 진동자의 진동수와 진폭을 얻을 수 있을 것이라고 하이젠베르크는 생각했다. 그러나 최종 결론에 도달하기에 앞서 또 하나의 단계가 필요했다. 고전역학에서 p나 q는 보통의 수로서 여

러 계산을 할 때 pq라 쓰건 qp라 쓰건 무관했다. 그러나 행렬 p와 q는 가환(可換)이 아니다(pq≠qp). 따라서 pq와 qp의 차가 무엇인가를 가정하지 않으면 안 된다. 하이젠베르크는 이 차가 수계수(數溪數 : 숫자와 문자의 곱으로 된 단항식에서 문자 인수에 대해 숫자 인수를 이르는 말)를 곱한 단위행렬(I)이라 가정했다. 이 수계수로서 그는 h/2πi의 값을 택했다. 즉 이 부가적 조건은

$$pq - qp = \frac{h}{2\pi i} I$$

로 표시된다. 행렬의 형태로 쓴 고전역학의 방정식에 이 조건을 추가함으로써 하이젠베르크는 스펙트럼선의 진동수와 그 상대적인 세기를 올바르게 주는 방정식의 체계를 얻었다. 이렇게 해서 얻어진 결과는 슈뢰딩거가 파동방정식을 써서 얻은 결과와 완전히 일치했다.

물리학적인 가정으로나 수학적인 수단으로나 공통점이 전혀 없는 것 같아 보이는 슈뢰딩거의 파동역학과 하이젠베르크의 행렬역학으로부터 얻어지는 결과가 예상을 뒤엎고 일치했다는 사실에 대한 설명은 뒤이어 출판된 슈뢰딩거의 논문에 의해서 명백해졌다. 일견 믿을 수 없는 일 같기는 했지만 그는 자기가 얻은 파동역학과 하이젠베르크의 행렬역학이 수학적으로는 동등하며 서로 한쪽에서 다른 쪽을 유도해낼 수 있음을 증명했다. 그것은 마치 고래나 돌고래가 상어나 청어 따위의 물고기가 아니고, 코끼리나 말과 같은 포유류라고 단정하는 것과 같은 정도로 놀라운 일이었다. 그러나 이것은 모두 진실로서 오늘날 우리는 각자의 취미나 편리에 따라 때로는 파동역학을 쓰고 때로는 행렬역학을 쓴다. 특히 복사(輻射)의 세기를 계산할

때는 파동역학에 따라 계산한 행렬요소를 쓰고 있다.

고전적 궤도 개념의 폐기

파동의 형식이건 행렬의 형식이건 새로운 양자론을 쓰면 원자적 현상은 수학적으로 완전히 기술될 수 있었다. 그러나 이 결과 물리학적 상(像)을 해명하지는 못했다. 이 신비스럽기만 한 파동이라든가 사람을 당혹하게 하는 행렬에 대체 어떤 물리학적 의미를 부여할 수 있을 것인가? 또 이 파동이나 행렬은 우리가 살고 있는 일상세계나 물체에 관한 우리의 상식적인 개념과 어떤 방식으로 결부될 것인가? 이 의문에 대한 해답은 1927년 하이젠베르크에 의해 발표된 논문에서 해명되었다. 하이젠베르크는 그의 논의의 출발점으로서 아인슈타인의 상대성이론을 인용하고 있는데 상대성이론은 그것이 발표된 당시(그리고 어떤 경우는 오늘날에 있어서까지) 여러 저명한 물리학자들마저 상식과 모순된다고 생각했던 것이다. 도대체 〈상식〉이란 무엇인가? 독일의 유명한 철학자 이마누엘 칸트(Immanuel Kant, 1724~1804)였더라면 (그 외 연구 내용에 대해서 저자는 별로 아는 바가 많지 않지만) 아마도 이렇게 정의했을 것이 틀림없다. 「상식이라고? 도대체 상식이란 사물의 당연한 귀추가 아닌가?」 그리고 또 만약 「〈사물의 당연한 귀추〉란 무엇을 뜻하는가?」하고 재차 묻는다면, 「그것은 즉 그것이 언제나 있었던 그대로의 것」이라고나 대답할지 모른다.*

자연에 관한 기본적인 개념이나 법칙은, 그것이 아무리 잘

---

*이 공상적인 대화는 단순히 저자의 마음에 떠오른 것뿐이지 이마누엘 칸트에 의한 것이 아님을 덧붙여 둔다.

확립돼 있다 하더라도 관측의 한계 내에서만 옳고 이 한계를 넘어서는 반드시 성립할 필요는 없다는 것을 밝힌 최초의 사람은 아마도 아인슈타인인 것 같다. 한 예로 고대인에게 지구는 평평한 것이었다. 그러나 마젤란(Ferdinand Magellan, 1480~1521)에게는 편평하지 않았으며, 또 현대의 우주비행사에게도 편평하지는 않다. 시간, 공간, 운동에 관한 물리학적 개념은 어느 시대에서나 충분히 확립되어 있으며 또 상식과 일치하고 있었다. 그러나 과거에 과학자를 붙들고 있었던 한계를 넘어 물리학이 발전되자 사정이 달라졌다. 즉 명백한 모순이 생기기 시작한 것이다. 빛에 관한 마이컬슨(Albert Abraham Michelson, 1852~1931, 1907년 노벨물리학상 수상)의 실험 사실을 설명하기 위해 아인슈타인은 시간의 인식, 거리의 측정, 역학에 관한 여러 고전적 상식을 내버리고 비상식적인 상대성이론의 수식화를 유도해낸 것이다. 그 결과 굉장한 고속이나 큰 거리, 매우 긴 시간주기에 대해서 사물은 〈당연한 귀추 그대로〉가 아니라는 것이 밝혀졌다.

하이젠베르크는 똑같은 사정이 양자론에도 존재함을 지적했다. 아인슈타인이 상대론의 분야에서 고전물리학의 실패를 비판적으로 분석하는 데 있어서, 공간적으로 떨어진 두 장소에서 일어난 두 사건의 **동시성**(Simultaneity)과 같은 기본적 개념의 비판부터 시작한 것과 같이 하이젠베르크도 고전역학에서의 기본적 개념의 하나인 운동하는 물체의 궤도라는 개념부터 비판하기 시작했다.

궤도란 개념은 아주 먼 옛날부터 물체가 공간을 스치고 지나갈 때의 경로라 정의돼 있었다. 수학적으로 계산할 때와 같은 극한에서 〈물체〉는 수학적인 점(에우클레이데스가 정의한 바와 같이 크기를 갖지 않는)이며, 〈경로〉는 수학적인 선(마찬가지로 에우클레이데스에 따른다면 굵기를 갖지 않는)이었다. 이와 같은 극한을 취하는 것이 운동을 기술하는 가장 좋은 방법이라는 데 의심을 품는 사람은 아무도 없었다. 그리고 운동하고 있는 이 입자의 좌표와 속도에 대해 실험 오차의 값을 낮추기만 한다면 운동은 얼마든지 정확히 기술될 수 있음에 틀림없었을 것이다.

그러나 하이젠베르크는 이의를 제기한다. 만약 세계가 고전역학에 의해서 지배된다면 위에서 말한 것은 틀림없이 진리일 것이다. 그러나 양질현상의 존재는 이 사실을 뒤집어 놓을 수도 있는 것이다. 한 예로 운동하고 있는 질점의 궤도를 정하는 이상적인 실험을 생각해 보자. 이 질점이 예컨대 지구 중력장에서 운동한다고 하자. 이 실험을 위해 상자를 만들고 분자가 하나도 남지 않을 때까지 공기를 빼두자(그림 24). 상자의 벽에 조그만 대포를 놓고 수평 방향으로 질량(m)의 탄환을 어떤 속도(v)로 쐈다 하자. 그 반대쪽 벽에는 조그만 경위의(經緯儀 : 지구 표면의 물체를 관찰하는 작은 망원경)를 장치하고 낙하하는 입자를 그 궤도에 따라 추적할 수 있도록 해 놓는다. 천장에는 전구(B)가 있어 상자 안을 비춘다. 전구로부터 나온 빛은 낙하하는 입자에 의해 반사된 후 경위의 속으로 들어오므로 입자의 위치는 관측자의 망막이나 또는 사진 건반(乾飯)에 기록된다.

우리가 하고 있는 것은 이상적인 실험임으로 입자의 운동을 교란시킬지도 모를 모든 효과를 고려해야만 한다. 사실 공기를 완전히 빼더라도 그러한 효과 중 하나는 남게 된다. 즉 전구로부터의 빛이 경위의 쪽으로 반사될 때 이 빛은 입자에 대해 얼

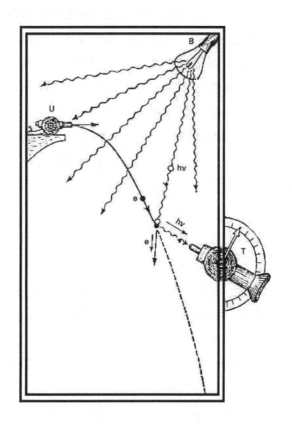

〈그림 24〉 불확정성 관계 $\Delta p \Delta q \geq h$를 설명하는 하이
젠베르크의 이상적인 양자현미경

마간의 압력을 가하게 되므로 입자는 예정된 포물선 궤도로부
터 이탈하게 된다. 이와 같은 교란을 무시할 수 있도록 무한히
작게 할 수 있을 것인가?

이것을 알기 위해 하나하나 알아보기로 하자. 먼저 입자의
위치를 10군데에서 잰다 하자. 입자가 떨어져 가는 사이에 전
구를 10번만 켰다 껐다 하자. 이렇게 함으로써 입자를 관측하

지 않는 동안 빛에 의한 영향을 없앨 수 있다. 이 첫 시도에서 빛의 반사로 10번이나 다시 튕겨 나온 입자가 예상된 궤도로부터 너무 많이 이탈했다면 그것을 고치는 것은 쉬운 일이다. 즉 필요한 횟수만큼 빛의 세기를 약하게 해주면 된다. 고전물리학에 의하면 1회의 점멸로 방출되는 빛의 에너지는 하한(下限)이란 있을 수 없고 반사광을 기록하는 장치의 감도(感導)에도 한계는 없기 때문이다. 세기를 약하게 함으로써 입자가 날아가는 사이에 받는 교란의 전체 값을 임의로 선택된 어떤 작은 수 $\in$ 보다 작게 할 수 있다. 궤도를 좀 더 정확하게 결정하기 위해서 관측하는 점의 수를 앞의 것의 10배로 늘렸다면, 입자가 떨어지는 사이에 전구를 100번 점멸시켜야 한다. 그 결과 입자가 받는 복사압(輻射壓)의 효과도 커져서 전체 교란이 $\in$보다 커질 수도 있다. 그 구제책으로는 세기가 10배 약한 전구를 쓰고 빛을 기록하는 장치의 감도를 10배 늘려주면 된다. 다음 단계로는 1,000회, 10,000회, 100,000회 등의 관측을 하는 것이다. 이때에도 물론 이 각각에 대응에서 약한 전등과 감도가 좋은 기복장치를 쓰면 된다.

극한의 경우에는 궤도의 교란을 $\in$보다 크게 하지 않으면서도 무한 회(無限回)의 관측을 할 수 있게 된다.

이 밖에도 또 한 가지 고려해야 할 일이 있다. 운동하고 있는 물체가 얼마나 작든 간에 스크린에 맺히는 상은 회절현상 때문에 사용했던 빛의 파장 λ보다도 작아질 수는 없다. 이 결정은 λ를 작게 함으로써, 즉 가시광선 대신 자외선이나 X선을 쓰거나 또는 더욱더 파장이 짧은 γ선을 씀으로써 해결할 수 있다. 고전물리학에서는 전자기파의 파장에는 하한이 없으므로 이렇게 해서 얻어진 회절상의 직경은 얼마든지 작게 할 수 있다. 이와 같은 과정을 밟음으로써 운동 전체의 교란을 ∈보다 크지 않게 하면서도 얼마든지 가느다란 궤도를 관측할 수 있다. 결국 고전역학의 범위 안에서는 에우클레이데스가 뜻한 대로의 궤도란 개념을 만들어 낼 수 있다.

그렇다면 에우클레이데스식의 이 개념은 현실 세계와 어떤 대응을 갖고 있는가? 하이젠베르크는 그렇지 않다고 말한다. 그의 주장에 따르면 우리가 꾀한 이상적인 실험은 광양자의 존재 때문에 불가능하다는 것이다. 사실 한순간 번쩍인 빛에 의해서 운반되는 최소의 에너지는 $h\nu$로서, 대응되는 역학적 운동량은 $h\nu$이다. 이 빛이 반사되어서 경위의(經緯儀) 속으로 들어갈 때 이 빛이 갖고 있었던 운동량의 일부는 입자에 주어진다. 따라서 입자는

$$\Delta p \cong \frac{h\nu}{c}$$

만큼 운동량의 변화를 받는다. 관측의 횟수를 늘리는 데 따라 궤도의 교란도 한없이 늘어나게 되고, 입자는 포물선에 따라 움직이는 것이 아니라 상자 안에서 이리저리 여러 방향으로 밀리면서 브라운 운동을 하게 될 것이다. 교란을 작게 하는 유일한 길은 ν를 작게 하는 것뿐인데, $\nu = c/\lambda$의 관계에 의해서 이것은 파장을 상자의 크기만큼이나 크게 한다는 뜻이 된다. 그렇게 되면 스크린의 이쪽저쪽을 뛰어다니는 조그만 섬광을 보는 대신 스크린 전체를 덮는 몇 겹이나 겹친 회절상을 관측하게 될 것이다. 결국 이 방법에 따르면 수학적 선과는 닮으려야 닮을 수 없는 결과를 얻게 된다.

단 하나의 남은 길은 타협점을 찾는 것이다. 이제 지극히 높은 진동수나 지극히 긴 파장의 광자를 쓸 수는 없다. 입자의 위치에 관한 불확정성(Δq)은 대략 $\cong \lambda = c/\nu$이므로

$$\Delta p \cong \frac{h\nu}{c} = \frac{h}{\lambda}$$

또는

$$\Delta p \, \Delta q \cong h$$

를 얻는다.* 이것이 유명한 하이젠베르크의 불확정성 관계식이다. 속도를 쓰면 이 식은

$$\Delta v \, \Delta q \cong \frac{h}{m}$$

로 표시되는데, 이로부터 고전역학으로부터의 이탈은 매우 작은 질량에 대해서만 중요하다는 것을 알 수 있다. 한 예로 1mg**입자의 대해서는

$$\Delta v \, \Delta q \cong \frac{10^{-27}}{10^{-3}} = 10^{-24}$$

그러므로 예컨대

---

*이 관계식은 때때로 '근시적으로 비등한'을 뜻하는 $\cong$ 또는 '대체의 크기 정도'를 나타내는 ~, 또는 〈그림 25〉에서와 같이 '~보다 크거나 또는 같은'을 나타내는 $\geq$ 등을 써서 표시하기도 한다.
**밀리그램(mg)은 1그램의 1/1,000로서 4°C에서 1mm³ 부피의 물의 질량과 같다.

$$\Delta v \cong 10^{-12} cm/\sec, \quad \Delta q = 10^{-12} cm$$

라 놓으면 만족된다. 따라서 엽총 총알의 속도는 100년 동안 안에 0.3m 정도의 불확정성을 갖게 되며 그 위치는 원자핵과 거의 비슷한 정도의 불확정성을 갖는 것이 된다. 명백히 어느 누구도 불확정성에 주의를 기울이는 사람은 없을 것이다.

한편 질량이 10^{-27}g인 전자에 대해서는

$$\Delta v \Delta q \cong \frac{10^{-27}}{10^{-27}} \cong 1$$

의 불확정성 관계가 성립한다. 원자가 원자 안에 있다는 것은 $\Delta q \cong 10^{-8}$㎝를 뜻하므로 이때 전자의 속도는

$$\Delta v = \frac{1}{10^{-8}} = 10^{8} cm/\sec$$

의 불확정성을 갖는다. 이에 대응하는 운동에너지의 불확정성은

$$\Delta K \cong mv \Delta v \cong 10^{-27} \cdot 10^{+8} \cdot 10^{+8}$$

$$\cong 10^{-11} erg \cong 10 eV$$

가 된다. 이 에너지는 원자 내 전자의 총 결합에너지에 필적할 만한 에너지이다. 명백히 이런 경우에는 원자 안에서 전자의 궤도를 선으로 그린다는 것이 무의미하다. 왜냐하면 이때 이 선의 굵기가 보어의 양자궤도의 지름과 비교될 만한 크기가 되기 때문이다.

광학적 방법을 쓰면 위에서 설명한 바와 같은 곤란에 부딪치

므로 광학적 방법이 아닌 다른 방법, 예컨대 어떤 기계적 장치
를 공간의 여러 군데에 놓아두고 입자가 가까이 지나갈 때마다
기록하게 하는, 즉 아마도 입자가 부딪치면 소리를 내는 〈징글
벨(Jingle Bells)〉 같은 것을 써서 입자의 궤도를 관측할 수는
없는가 생각할지도 모른다. 그러나 이런 경우에도 역시 곤란한
문제가 생긴다. 가령 기록장치가 반경(ℓ)의 조그만 영역 안에
서 움직일 수 있는 입자라고 하자. 이 입자는 양자화될 때 역
학적 운동량이

$$\Delta p \cong \frac{h}{l}$$

정도만큼씩 다른 양자 단위를 갖는다. 그러므로 만약 입사 입
자가 장치에 부딪칠 때 이 장치가 한 양자 상태에서 다른 양자
상태로 옮아가게 된다면 입사 입자 역시 운동량의 상당한 부분
을 잃게 된다. 입사 입자는 기록장치 표면의 어느 곳에 맞아도
되므로 입사 입자 위치의 불확정성(Δq)은 ℓ과 같아진다. 따라
서 기계적 방법을 쓴 관측에 의해서도

$$\Delta p \, \Delta q \cong h$$

의 관계를 얻는다. 이 징글벨의 방법은 안개함(안개상자)이란 이
름으로 실험원자핵물리학에서 널리 사용돼 오고 있다는 것을
주의해둔다. 안개함에서는 기체 중의 이원화된 원자(그 위에 수
증기가 응결돼 있다)가 여러 원자적 입자의 운동을 보여주는 긴
궤도를 형성한다. 그러나 안개함의 궤적은 수학적인 선이 아니
며 실제로는 불확정성 관계에 의해서 허용되는 것보다는 훨씬
큰 굵기를 갖는다.

원자 및 원자핵물리학에서는 고전적인 곡선으로 된 궤도라는 개념은 실패로 돌아갈 수밖에 없으므로 물질 입자의 운동을 기술하는 다른 방법을 고안해낼 필요가 있는데 이 목적에 φ함수가 등장하게 된다. φ함수는 어떤 종류의 물리적 실재도 나타내는 것이 아니다. 전자기파는 질량을 갖지만 드 브로이파(波)는 질량마저 갖지 않는다. 따라서 원리적으로 말해 4kg의 붉은빛은 살 수 있을지 모르나 이 세상에 1온스의 드 브로이파 같은 것은 존재하지도 않는다. 그것은 고전역학에서의 선으로 그린 궤도와 마찬가지로 물질일 수는 없다. 사실 그것은 〈폭을 갖는 넓혀진 선〉이라고 기술할 수 있는 그 무엇이다. 양자역학에서 드 브로이파가 입자의 운동을 안내한다는 뜻은 고전역학에서 곡선으로 된 궤도가 입자의 운동을 안내하는 것과 비슷한 것이다. 마치 태양계 안의 행성들, 금성이나 화성 또는 우리 지구로 하여금 타원형의 궤도를 따라 움직이도록 강요하는 철도의 레일과 비슷한 것이라고 생각하지 않는 것과 마찬가지로, 파동역학에서 연속적인 함수를 전자의 운동에 영향을 미치는 어떤 종류의 힘의 장이라고 생각해서는 안 된다. 드 브로이-슈뢰딩거의 파동함수(또는 오히려 그 절댓값의 제곱, 즉 $|\varphi|^2$)는 입자가 공간의 여기저기에서 발견되고, 이 크기 저 크기의 속도를 갖고 움직이게 될 확률을 결정해 줄 뿐이다.

이 장을 끝맺기에 앞서 닐스 보어와 아인슈타인 사이에 교환된 열띤 의논에 대해서 언급하지 않을 수 없다. 닐스 보어는 불확정성 관계의 확립을 위한 위대한 추진자였으며, 아인슈타인은 서거할 때까지 열렬한 그 반대론자였다. 이번 사건이 일어난 것은 브뤼셀에서 열린 제6회 솔베이 회의(Solvay Congress, 1930)

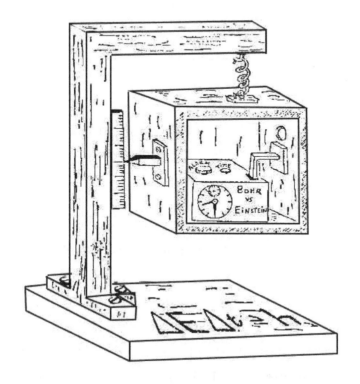

〈그림 25〉 $\Delta E\Delta t \geq h$의 관계식은 잘못됐다는 아인슈타인의 주장을
반증하는 보어의 이상적인 실험

석상에서였다. 이 회의는 양자론에 관한 여러 문제를 위해 개최
되었으며(아인슈타인이 참석했다는 사실에서 추측할 수 있듯이) 4개
의 좌표에 관한 불확정성 관계의 문제도 의제 중의 하나였다.

이 책에서는 지금까지 하나의 좌표와 이에 대응하는 역학적
운동량에 대해서 관계 $\Delta p\Delta q \cong h$를 써 왔다. 그러나 3차원에
대해서는 세 개의 독립된 관계식이 성립한다.

$$\Delta p_x \Delta x \ \cong \ h$$

$$\Delta p_y \Delta y \ \cong \ h$$

$$\Delta p_z \Delta z \ \cong \ h$$

상대성이론에서 시간[ct의 형(形)*으로]은 제4의 좌표에, 에너지[E/c의 형(形)으로]는 역학적 운동량의 제4성분이므로 네 번째의 불확정성 관계식

$$\Delta E \Delta t \ \cong \ h$$

이 성립할 것이 예상된다. 이 주제가 바로 이 회의에서 일어난 사건의 발단이다.

아인슈타인은 한발 앞으로 나와 자기는 이 제4의 관계식과 모순되는 이상적 실험을 제안할 수 있다고 주장했다. 그는 하나의 상자를 생각하고 있는데, 이 상자에는 이상적인 거울이 들어 있으며(1장에서 논의한 진스의 상자 같은 것), 그 안에는 얼마간의 복사에너지가 들어 있다고 말했다. 벽의 하나에는 이상적인 탁상시계에 연결해 둔 일종의 이상적인 사진기 셔터가 붙어 있다. 이 시계는 상자가 복사로 가득 찬 후 임의의 시각에 셔터를 열 수 있도록 조절되어 있다(그림 25). 시계는 상자 안에 있으며, 또 셔터는 닫혀 있으므로 상자의 내부는 외부 세계로부터 완전히 고립돼 있다. 아인슈타인의 제안은 다음과 같았다. 우선 시계가 움직이기 전에 상자의 무게를 잰다. 충분한 시간만 준다면 무게는 얼마든지 정밀히 잴 수 있다. 탁상시계에

---

*단 c=3×10^{10}cm/sec는 진공 속에서의 빛의 속도이다.

미리 맞추어 놓은 시각이 되면 셔터가 열리고, 복사(卜師)에너지 (E)의 일부가 달아난다. 셔터가 닫힌 후, 다시 상자의 무게를 원하는 대로 정확히 잴 수 있다. 두 번 잰 무게의 값으로부터 상자의 질량 변화 $M_2 - M_1$은 정확히 얻어지며 c^2을 곱해 줌으로써 방출된 에너지량을 정확히 알 수 있다. 따라서 $\Delta E = 0$이 된다. 한편 이 이상적인 시계는 완전하게 작동할 것이므로 에너지가 방출된 시각에 대한 불확정성도 0이 되어 $\Delta t = 0$이 된다. $\Delta E = 0$과 $\Delta t = 0$이 동시에 성립하므로 제4의 불확정성 관계식은 깨지고 만다.

이 의론은 매우 설득력이 있어 보였으므로 보어는 침묵을 지키고 있었다. 그러나 그날 밤을 거의 새우다시피 한 보어는 다음 날 아침이 되자 만면에 웃음을 띠면서 회의장에 나타나 그의 해석을 발표했다. 그는 상자의 무게를 재려고 한다면 천칭을 쓰건 용수철저울을 쓰건 간에 연직 방향으로 상자를 오르내리게 해야 한다는 것을 지적했다. 지구의 중력장에서 위치를 바꿀 때 이 시계는 중력 퍼텐셜이 시계의 진도에 영향을 미친다는 아인슈타인의 법칙에 따라 시간을 시킨다. 또 셔터를 열 때 시간에는 Δt의 불확정성이 도입된다. 한편 Δt를 정해 주기 위한 상자의 상하 진동의 진폭은 관계식 $\Delta pz \cdot \Delta z \cong h$를 중계로 해서 에너지를 잃을 때 상자를 흔들게 하는 원인이 되는 질량 변화와 결부된다. 수식을 적절히 이어감으로써 보어는 쉽게 $\Delta E \Delta t \cong h$의 결론에 도달했다. 그리하여 아인슈타인의 의론은 아인슈타인 자신의 가장 중요한 발견에 의해서 부인돼 버렸다.

이 장에서는 하이젠베르크 개인의 성격보다는 그의 원리에 중점을 두었다. 그러나 몇 가지 추가해 둔다면 하이젠베르크는 스키의 명수이고, 탁구는 왼손으로 치며 물리학자로서 빛나는 명성에도 불구하고 라이프치히(Leipzig, 그는 거기서 교수였다)에서는 1급 피아니스트로서 더 잘 알려져 있다는 것 등을 말할 수 있다.

6장
P. A. M. 디랙과 반입자

상대성이론과 양자론은 금세기 초에 거의 동시에 나타났다. 이 두 이론은 인간 정신의 위대한 폭발이며, 고전물리학의 기초 자체를 크게 뒤흔들어 놓는 대발견이었다. 상대성이론은 속도가 광속에 가까워지는 경우에 맞는 이론이며, 양자론은 매우 작은(원자 정도의 크기) 영역에 갇혀 있는 입자의 운동을 논할 때 들어맞는 이론이다. 그러나 이 두 위대한 이론은 약 30년 동안이나 서로 거의 아무런 상호 관련도 갖지 않은 채 독립적으로 발전되어 왔다. 양자궤도에 관한 보어의 최초 이론이나, 그것이 발전되어 생겨난 슈뢰딩거의 파동방정식이나 모두 본질적으로 비상대론적이었다. 이 두 이론은 모두 광속에 비해서 느린 속도로 운동하는 입자에 대해서만 적용이 가능했었다. 그러나 원자 안에서 움직이는 속도는 그렇게 느린 것은 아니다. 예컨대 수소의 제1궤도를 도는 전자는 보어의 이론에 의해서 계산해 보면 초속 2억 2000만 센티미터나 되며 이 속도는 광속의 약 1%보다 약간 작을 뿐이다. 좀 더 무거운 원자 안에서 전자의 속도는 훨씬 더 크다. 그러나 광속의 수 %란 그리 큰 값은 아니다. 상대론적인 보정을 함으로써 계산치를 개선할 수도 있다. 그 결과 직접적인 실험치와의 일치를 좀 더 가깝게 할 수도 있는 것이다. 그러나 이런 것은 이론의 수정은 될지라도 완성이라고는 할 수 없다.

양자론은 전자의 모멘트에 관해서 어려운 문제를 제기했다. 1925년 구드스미트와 울렌벡은 원자 스펙트럼의 미세구조를 설명하기 위해서는 전자가 **전자스핀**(Electron Spin)이라 불리는 각운동량과 자기모멘트*를 갖는다는 것을 증명했다. 당시의 고

*『자석 이야기』, 프랜시스 비터 지음, 지창렬 번역 참조

지식한 생각으로는 전자는 직경이 약 3×10^{-13} ㎝ 정도의 조그마한 하전구(河電球)였다. 이 전자의 구가 그 둘레로 매우 빨리 회전하면 자기모멘트가 생기고, 그 결과 전자 자체의 궤도운동 및 다른 전자의 자기모멘트와 상호작용을 하게 된다. 그러나 계산해 보면 알 수 있듯이 실험 사실을 설명하기에 충분한 자기장을 만들어 내기 위해서는 전자가 매우 빨리 회전해야 하며, 그 적도상의 각각의 점은 광속보다도 더 빨리 움직여야 한다는 사실이 밝혀졌다! 여기서도 양자물리학과 상대성물리학 사이의 상호모순이 나타난다. 이리하여 상대성이론과 양자론은 단순히 합쳐질 수 없다는 것이 명백해졌다. 상대론적 구상과 양자론적 구상 사이를 조화롭게 오가면서 통일해 주는 좀 더 일반적인 이론을 세울 필요가 생긴 것이다.

이 방면에의 중대한 공헌이 1928년 영국의 물리학자인 P. A. M. 디랙(Paul Adrien Maurice Dirac, 1902~1984, 1933년 노벨물리학상)에 의해서 이루어졌다. 디랙은 처음에는 전자 기술자로 출발했으나 만족할 만한 일자리를 발견할 수 없어 케임브리지대학의 물리학 장학생 시험에 응모했다. 그의 응모 서류(물론 합격했지만)는 오늘날 멋진 사진틀에 끼인 채 그의 노벨상과 함께 케임브리지대학의 도서관에 걸려 있다. 디랙이 노벨상을 받은 것은 그가 양자물리학자로 전향한 지 불과 수년 후의 일이었다.

〈방심 상태의 교수〉에 관한 에피소드가 고명(高名)한 과학자에게는 많이 붙어 다니고 있다. 그러나 대부분의 경우 이런 이야기들은 사실이 아니고 익살꾼들이 만들어낸 것이 많은 법이다. 그러나 디랙에 관한 모든 에피소드는, 적어도 저자가 알고 있는 한 정말로 있었던 얘기들이다. 장래의 역사가들을 위해 여기에 그 일부를 소개하기로 한다.

위대한 이론물리학자였기에 디랙은 일상생활에서 일어나는 모든 문제들을 직접적인 실험에 의해서 해결하기보다는 이론적으로 다루기를 좋아했다. 언젠가 코펜하겐에서 열린 연회석상에서 디랙은 사람의 얼굴은 어느 장소에서 보나 동일한 것이 아니고 어떤 적당한 거리에서 쳐다볼 때 가장 아름답게 보인다는 이론을 제창했다. 그에 의하면 거리(d)가 무한대일 때는 결코 아무것도 보이지 않을 것이다. d가 0일 때 얼굴의 윤곽은 사람의 눈의 시야가 좁은 관계로 찌그러져 보일 것이며, 또 그밖의 여러 가지 결점(예컨대 잔주름살 같은 것)이 과장되어 보일 것이다. 그 거리에서 보면 사람의 얼굴이 가장 아름답게 보이는 가장 좋은 거리가 있으리라는 것이다.

그래서 나는 물어보았다. 「폴 군, 자네는 사람의 얼굴을 얼마만큼 가까이에서 본 일이 있는가?」그러자 디랙은 자기의 두 손을 약 두 자쯤 펴 보이면서 「응, 대체로 이만큼이야」하고 대답하는 것이었다.

몇 년 후 디랙은 물리학자들 사이에서 〈위그너의 누이동생〉이라 불리는 여성과 결혼했다. 그 이유는 그녀가 유명한 헝가리의 이론물리학자 유진 위그너(Eugene Paul Wigner, 1902~1955, 1963년 노벨물리학상 수상)의 누이동생이었기 때문이다. 디랙의 결혼을 그때까지 아직 모르고 있었던 어느 옛 친구가 디랙의 집을 방문했을 때 그는 디랙이 어여쁜 아가씨와 같이 있는 것을 발견했다. 이 여성은 그들에게 차를 권하고는 소파에 편히 앉았다. 이 여성이 누구일까 생각하면서 이 친구가

「안녕하십니까?」 하고 인사했을 때에야 디랙은 겨우 알아차리고 한다는 말이 「아, 실례했소. 소개하는 것을 잊었군. 이 사람은 위그너의 누이동생이야」 하고 소개했더라는 것이다.*

디랙의 양자화된 유머 센스는 간혹 과학상의 회합에서도 발휘되곤 한다. 어느 때였던가 코펜하겐에서 클레인과 니시나가 전자와 γ선 사이의 충돌에 관한 유명한 클레인-니시나 공식의 유도(誘導)에 관한 보고를 했다. 최종 공식이 칠판에 적혔을 때, 이미 이 보고의 원고를 미리 본 청중 가운데 한 사람이 칠판에 적혀 있는 식 중 제2항이 원고에서는 (+)인데 (-)로 되어 있는 사실을 지적했다.

이 보고를 하고 있던 니시나는 「아, 정말 그렇군요. 적혀 있는 부호가 맞습니다. 칠판에서 식을 유도해낼 때 어디선가 부호를 잘못 썼는가 보군요」 하고 대답했다. 그러자 디랙이 뒤이어서 「기수(奇數)의 장소에서 잘못 쓴 거지요」 하고 주석을 붙였다.

디랙의 예민한 관찰력을 나타내는 또 하나의 예는 문학에 관련된 이야기이다. 그의 친구였던 소련의 물리학자 표트르 레오니도비치 카피차(Peter Leonidovich Kapitsa, 1894~1984)가 도스토옙스키(Fyodor Mikhailouich Dostoevsky, 1821~1881)의 『죄와 벌(Crime and Punishment)』의 영역판을 디랙에게 빌려주었다.

디랙이 이 책을 돌려주었을 때 카피차는 「어때, 이 책 재미

---

*최근 저자가 디랙 부인을 만났을 때(하필이면 텍사스주 오스틴시에서) 이 이야기가 정말인가를 물었더니 부인이 말하기를 디랙은 실제로는 「이 사람은 위그너의 누이동생이며, 지금은 내 아내입니다」라고 말했다는 것이다.

있었지?」하고 물었다. 「음, 재미있었어. 그런데 이 책의 한 장 (章)에서는 잘못을 저질렀더군. 글쎄 같은 날에 해가 두 번 떴 다고 쓰여 있지 않아」하고 디랙은 대답했다. 그리고 이것이 도스토옙스키의 소설에 관한 그의 유일한 비평이었다.[*]

또 어느 땐가 디랙은 카피차의 집을 방문했다. 물리학에 관 해서 표트르와 이야기하면서 디랙은 안나(Anna) 카피차가 뜨개 질하는 것을 쳐다보고 있었다. 그가 집으로 돌아간 후 몇 시간 이 지났을 때 디랙은 급히 되돌아와 흥분해서 얘기했다. 「안나, 난 당신이 그 스웨터를 짜는 것을 관찰하다가 뜨개질에 관한 위상기하학을 생각해 보았습니다. 나는 뜨개질에는 또 한 가지 방법이 있으며, 오직 두 가지 방법만이 있다는 것도 발견했지 요. 그 하나는 당신이 사용한 방법이고, 또 다른 하나는 이렇게 뜨는 거지요……」하면서 그는 그의 긴 손가락을 써서 그가 발 명한 또 한 가지의 방법을 설명했다. 안나는 그가 발견했다는 새로운 방법이 실은 누구나 다 알고 있는 뒤집어뜨기란 것을 그에 가르쳐 주었다.

〈디랙의 이야기〉를 끝마치고 디랙의 과학상의 업적에 관해 말하기에 앞서 또 한 가지만 더 말해 두자. 토론토(Toronto)대 학에서 디랙이 강의를 한 후 질문 시간이 왔을 때 한 학생이 질문했다. 「디랙 교수님, 저는 그 칠판의 왼쪽 제일 위에 쓴 식 은 어떻게 유도했는지 이해가 안 가는 군요.」디랙은 즉석에서 대답했다. 「이것은 논의될 성질의 문제는 아닙니다. 그것은 진

---

[*]이 이야기를 카피차에게 들은 저자는 너무도 게을러서 어느 장(章)에 이 와 같은 잘못이 있는가 알아보기 위해 『죄와 벌』을 다시 한 번 읽어 보지 못했다. 이 책의 독자 중 희망하시는 분이 있으면 이 잘못된 구절을 찾아 내 주기를 바란다.

술일 뿐입니다. 다음 질문은 또 없습니까?」

상대성이론과 양자론의 통일

이제 디랙의 물리학상의 업적에 대해서 이야기하기로 하자. 이 장(章)의 처음에 언급한 바와 같이 양자론과 상대성이론은 중국 사람들이 하는 어려운 수수께끼처럼 정확히 이어 맞출 수는 없었던 것이다. 이 이어 맞추기는 퍽 잘 들어맞게는 할 수 있었으나, 항상 얼마간의 모순이 남곤 하였다. 그래서 올바른 답을 완전히 얻을 수는 없었다. 양자론에서 슈뢰딩거의 파동방정식은 음파나 전자기파의 전달을 나타내는 고전적인 파동방정식과 매우 닮은 데를 갖고 있기는 했지만 말이다.

고전물리학에서 고려의 대상인 물리량은 그것이 공기의 밀도건, 전자자기적 힘이건 간에 항상 제2계의 도함수* 형식으로 파동방정식 속에 들어 있다. 다시 말해 이 양들은 x, y, z 또는 t에 관한 변화율의 변화율, 즉

$$\frac{\partial^2 u}{\partial x^2} ; \frac{\partial^2 u}{\partial y^2} ; \frac{\partial^2 u}{\partial z^2} ; \ 및\ \frac{\partial^2 u}{\partial t^2}$$

와 같은 보통의 형식으로 들어 있다.

이와 같은 미분방정식을 수학적으로 엄밀하게 풀면 반드시 공간을 전파하는 조화파동을 얻게 된다. 슈뢰딩거의 파동방정

---

*도함수의 개념에 대해서는 과학연구총서 중의 하나인 『중력』의 제3장 (미적분)에서 쉽게 설명하였다. 또 『물리학의 수학적 측면(Mathematical Aspects of Physics)』(프랜시스 비터 저, Doubleday, Science Study Series)을 보아 주기 바란다.

식은 x, y, z에 관해서 제2계의 도함수를 포함하나, t에 관해서는 제1계의 도함수만을 포함한다. 왜냐하면 이 방정식은 고전적인 뉴턴역학에서 유도된 것으로서, 이 역학에 의하면 운동하고 있는 물체의 가속도는 작용하고 있는 힘에 비례하도록 되어 있기 때문이다. 사실 x입자의 위치라 한다면 그 속도 v(즉, 위치의 시간에 관한 변화율)는 x의 t에 관한 **제1계도함수**

$$\frac{\partial x}{\partial t}$$

로 주어짐에 비해 **가속도** a(즉 속도의 시간에 관한 변화율)는 제2계도함수

$$\frac{\partial(\frac{\partial x}{\partial t})}{\partial t}$$

또는 보통의 기호를 쓰면

$$\frac{\partial^2 x}{\partial t^2}$$

에 의해서 주어진다.

한편 힘(F)은 퍼텐셜(V)의 위치에 관한 제1계도함수

$$\frac{\partial V}{\partial x}; \frac{\partial V}{\partial y} \text{ 및 } \frac{\partial V}{\partial z}$$

로 주어진다. 그러므로 가속도가 힘에 비례한다는 뉴턴역학의 기본 운동법칙 속에는 공간에 관해서는 제1계의, 시간에 관해서는 제2계의 도함수를 포함하고 있다. 이 사실에 의해서 뉴턴

의 운동방정식은 수학적으로는 동차(同次)가 아니다. 따라서 시간(t)은 좌표 x, y, z와는 별개의 입장을 갖게 된다. 고전역학에서는 몇 세기 동안이나 인정돼 왔던 이 사정이 슈뢰딩거의 비상이론적 파동역학에도 인계되어 여기서도 공간과 시간은 완전히 별개의 것으로 취급되는 것이다. 그러나 양자론의 법칙을 상대론적인 기초 위에 만들려고 하는 한, 공간과 시간은 서로 좀 더 밀접한 관련을 가져야 한다는 어려움에 부딪친다. 실제로 H. 민코프스키(Hermann Minkowski, 1864~1909)는 아인슈타인의 기본적 사상에 따라 4차원의 시공 연속체(Space-time Continuum)라는 개념을 만들어 냈다. 이에 의하면 시간(t)에 허수 단위 $i = \sqrt{-1}$ 을 곱한 양이 세 개의 공간좌표와 동등한 것으로 취급받게 된다. 민코프스키의 세계에서는 x, y, z와 ict(여기서 c*는 순수하게 물리량의 차원에 관한 고찰에 의해서 도입되었다) 사이에는 아무런 구별도 있을 수 없는 것이다.

(이 책에서는 양자론에 관해서만 쓰기로 했으므로 상대성이론을 자세히 논할 틈은 없다. 상대론에 친숙해 있지 않은 독자들은 다른 책** 을 참고해 주기 바란다. 저자는 다음의 몇 장을 읽는 독자가 최소한 아인슈타인 이론의 근본 사상에 대해 초보적인 지식을 갖고 있다고 생각하기로 하겠다)

이미 논한 바와 같이 파동역학의 방정식은 네 개의 모든 좌표의 대해서 같은 계(階)의 도함수를 갖지 않으면 안 된다. 그러나 슈뢰딩거의 방정식은 뉴턴의 방정식으로부터 유도된 까닭에 이 조건을 만족시키지 않는다. 이 결점을 시정하는 최초의

---

*c는 진공에서의 광속을 나타내는 일반상수이다.
**헤르만 본디, 『상대론과 상식(Hermann Bondi, Relativity and Common Sense)』, Doubleday, Science Study Series, 1964.

시도는 O. 클레인인과 W. 고든(W. Gordon)에 의해서 각각 독립적으로 이루어졌다. 그들은 슈뢰딩거의 비상상대론적 파동방정식을 상대론적 형식으로 고치기 위해 단순히 시간에 관한 제1계도함수를 제2계도함수로 바꾸기로 했다. 클레인-고든의 파동방정식은 보기에도 그럴듯하고 또 매우 상대론적이지만 내적 모순이 다소 포함되어 있었다. 또 이 방정식 안에 전자스핀을 합리적으로 도입하려는 모든 시도도 완전히 실패로 돌아갔다.

그러다가 1928년의 어느 날 저녁, 세인트존스대학(St. John's College)의 연구실에서 안락의자에 앉아 양쪽 발을 난로에서 타고 있는 통나무 쪽으로 길게 뻗고 있던 폴 디랙은 돌연 매우 간단하면서도 기발한 착상에 도달한 것이다.

상대론 파동방정식에서 시간좌표에 관한 제2계도함수를 써서 좋은 결과가 얻어지지 않는다면, 왜 공간좌표에 관한 제1계도함수를 써서는 안 될 것인가? 물론 그렇게 되면 허수 단위(i)를 다시 도입해야겠지만, 그 대신 파동방정식은 공간과 시간에 관해 대칭적이 될 것이다. 이와 같은 생각에 의해서 디랙의(제1계도함수만을 포함하는) 선형방정식이 탄생한 것이다. 이 방정식을 수소 원자에 적용시켜 즉석에서 훌륭한 결과가 얻어졌다. 전자 스핀과 자기모멘트만 갖고는 아무리 해도 설명할 수 없었던 스펙트럼의 미세구조를 새 이론을 쓰면 완전히 정확하게 설명할 수 있었다. 이 성공은 특히 놀라운 것이었다. 왜냐하면 디랙은 방정식을 유도할 때 이 방정식을 상대론적으로 올바르게만 만들고자 하는 것이 목적이었으니까. 그러나 결과적으로는 스핀을 갖는 전자가 상대론과 양자론을 올바르게 융합시켜주는 보너스처럼 튀어나온 것이었다. 디랙의 방정식에 의거해서 볼 때

이 전자는 하전(荷電)된 빨리 회전하는 조그만 구(球)가 아니라 조그만 **자석이기나 한 것처럼** 행동하는 점(點)전하였던 것이다.

상대론과 양자론을 완전히 융합한 파동방정식을 유도해내기는 했으나, 디랙은 이들 두 이론이 융합할 때 언제나 나타나는 다른 종류의 곤란에 부딪치지 않을 수 없었다. 유명한 아인슈타인의 관계에 의하면 정지질량 m_0(gm 단위로 표시)은 에너지 $m_0 c^2$(erg 단위로 표시)와 등가이다. 단 c는 광속이다. 만약 이 질량이 어떤 속도(v)로 운동한다면 운동에너지는(제1근사에서는) $k=1/2 m_0 v^2$이 되며* 총 에너지는 다음과 같이 된다.

$$E = \frac{m_0 c^2}{\sqrt{1 - \dfrac{v^2}{c^2}}} \cong m_0 c^2 + \frac{1}{2} m_0 v^2$$

그러나 아인슈타인의 상대성역학의 수학적 성질에 의해서 다음과 같은 총 에너지를 갖는 운동도 가능하다.**

$$E = -\frac{m_0 c^2}{\sqrt{1 - \dfrac{v^2}{c^2}}} \cong -m_0 c^2 - \frac{1}{2} m_0 v^2$$

이 방정식은 앞의 방정식에서 $+m_0$ 대신 $-m_0$라 고쳐 씀으로써 얻어진다. 이것은 곧 물리학적으로 말해 **음의 질량**을 도입하는 것을 의미한다. 이와 같이 상대론적 역학은 원리적으로는

---

*좀 더 정확하게는 $m_0 c^2 \left(\dfrac{1}{\sqrt{1 - \dfrac{v^2}{c^2}}} - 1 \right)$이다. 이 식은 v≪c 일 때 $\dfrac{1}{2}$ $m_0 v^2$과 같아진다.

**v≪c인 경우에 성립되는 근사식이다.

두 개의 분리된 에너지의 존재를 허용한다. 그 하나는 정지에너지($+m_0c^2$)와 같거나 높은 에너지준위, 또 하나는 정지에너지($-m_0c^2$)와 같거나 낮은 에너지준위이다(그림 26).

그림의 위쪽에 그린 에너지준위($E>0$)는 전자나 양성자 등의 물질입자의 잘 알려져 있는 형(型)의 운동을 나타내지만 그림의 아래쪽 부분($E<0$)의 에너지준위는 어떤 종류의 물리학적 실재에도 대응하는 것이 아니다. 음의 관성질량을 갖는 입자에 대응하는 물체는 자연계에서는 아직껏 발견되지 않았다. 실제로 그러한 입자가 존재한다면 질량이 음의 값을 갖기 때문에 이 물체에 힘이 작용한다면 힘과는 **반대**쪽으로 가속될 것이다. 따라서 이와 같은 종류의 입자를 정지시키려면 운동 방향과 반대 방향이 아니라 같은 방향으로 밀어야 한다는 묘한 결과가 일어날 것이다. 두 입자, 예컨대 두 전자가 있다 하자. 그 질량의 크기는 같으나 부호는 반대($+m$과 $-m$)라 하자. 쿨롱의 법칙에 따르면 이들 두 전자는 서로 크기가 같고 방향이 반대인 정전기력에 의해서 서로 반발할 것이다. 두 입자가 모두 양의 질량을 갖는다면 이 상호작용의 결과, 크기가 같고 방향이 반대인 가속도를 받아(〈그림 27〉의 ⒜) 점차 속도를 증가시켜 가면서 반대 방향으로 날아가 버릴 것이다. 그러나 입자 중의 하나가 음의 질량을 갖는다면(〈그림 27〉의 ⒝), 이 입자는 양의 질량을 갖는 입자와 같은 방향으로 가속되므로 이 두 입자는 일정한 거리를 유지한 채 같은 방향으로 한없이 속력을 더해 가면서(물론 광속(c)을 넘지 않는 범위 안에서) 날아가 버릴 것이다. 이 경우 에너지보전법칙에는 아무런 모순도 생기지 않는다. 왜냐하면 두 입자의 운동에너지의 합은 항상 0과 같기 때문이다.

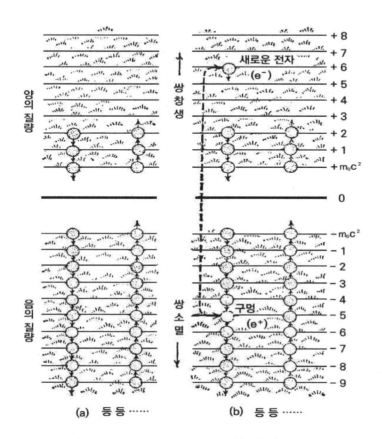

(a) 등등 ……   (b) 등등 ……

(a) 음의 에너지준위는 모두 차 있고 6개의 정상적인 전자만이 정상적인
　　양의 에너지준위에 있을 수 있다

(b) 음의 준위에 있었던 한 개의 전자가 양의 준위로 뛰어올라간 까닭에
　　그 뒤에 〈구멍〉을 남긴다. 이 구멍은 양의 질량을 갖는 보통 양의 전
　　하를 갖는 전자로서 움직이게 된다. 양의 에너지준위에 있었던 이 여
　　분의 전자가 구멍으로 떨어지면(e^-와 e^+의 쌍소멸 과정) 그 에너지차(差)
　　는 γ선으로서 방출된다

〈그림 26〉 양 및 음의 질량을 갖는 입자에 대한 에너지준위의 분포를
　　　　　　디랙의 이론에 따라 그린 것

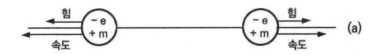

〈그림 27〉 양의 질량을 갖는 두 입자 사이와 양과 음의 질량을 갖는 두 입자
사이의 상호작용

$$\frac{1}{2}mv^2 + \frac{1}{2}(-m)v^2 = 0$$

이 합은 운동이 일어나기 전의 값과도 일치한다. 이 모든 일
은 정말로 기상천외한 일이다. 이와 같은 성질을 갖는 입자는
아직껏 관측된 일이 없다.

고전적인 상대성역학(이 역학에서 양자현상은 고려하지 않는다)에
서는 음의 질량의 입자에 관한 곤란은 쉽게 제거할 수 있다.
실제로 〈그림 26〉에서 알 수 있는 바와 같이 양에너지의 영역
과 음에너지의 영역은 서로 $2m_0c^2$(전자의 경우 약 100만 전자볼
트)의 간격을 갖는다. 비양자역학(고전역학 및 상대성역학)에서는
에너지 변화는 연속적이어야 하므로 〈그림 26〉의 윗부분에 있
었던 입자는 아랫부분으로 옮겨갈 수 없다. 왜냐하면 이 전이
를 위해서는 에너지가 불연속적으로 뛰어야 하기 때문이다. 따

라서 고전론적으로 자연의 물리학적 기술 속에서는 음의 질량의 상대는 바람직하지 못한 수학상의 가능성에 불과하다는 이유로 제외할 수 있었던 것이다. 그러나 양자현상을 고려하는 경우 사태는 급변한다. 양자론에서는 전자나 기타의 소립자들이 높은 준위에서 낮은 준위로 뛰어내리기를 좋아한다. 따라서 상대론적 양자론에서 이율배반적인 사건이 일어난다. 즉 모든 보통의 전자는 양의 질량 상태로부터 음의 질량 상태로 양자비약을 하는 관계로 우주 전체가 대혼란에 빠지게 된다.

디랙은 이 역설을 막아내는 유일한 길은 파울리의 원리를 쓰고 음의 질량에 대응하는 모든 상태는 이미 다 꽉 차 있다(각각의 상태마다 반대 방향의 스핀을 갖는 두 개의 전자 상태가 있을 수 있다)고 가정하는 일이라고 판단했다. 이렇게 가정한다면 양의 질량을 갖는 전자가 뛰어내리려 해도 뛰어내릴 조건이 없어지는 셈이다. 이와 같은 사정은 원자의 잘 알려져 있는 전자껍질의 경우와 비슷하다. 즉 처음에 뛰어든 전자들이 그 전자껍질을 완전히 점유해 버렸기 때문에 M껍질에 있었던 전자는 M껍질로부터 L껍질 또는 K껍질로 뛰어내릴 수 없게 되는 사정과 비슷하다. 그러나 원자는 유한한 개수의 전자를 포함하는 유한한 구조를 갖는 데 대해 디랙의 이론은 무한의 공간에 관계되는 것으로서 진공 중 1㎤마다, 무한개의 전자가 존재하기를 요구하고 있다. 이 전자들의 무한대의 질량을 무시하는 한 이 이론은 별 지장 없이 잘 맞는다. 그러나 이 무한대의 질량은 아인슈타인의(때로는 일반 상대성이론이라고도 불린다)에 의하면 아무것도 없는 진공으로 된 공간의 곡률반경을 0으로 놓는 것과 같아진다는 어려움이 따른다.

이와 같은 난점 말고도 디랙은 또 하나의 문제에 대해 자문해 보았다. 음의 질량과 음의 전하를 갖는 입자가 무한히 많이 차 있을 때 그 상태는 관측이 가능한가, 즉 어떤 물리학적인 장치에 의해서 검출이 가능한가 말이다. 그 답은 No였다. 왜냐하면 공간에 균일하게 분포된 전하는 어떠한 전기기구를 써도 검출할 수 없기 때문이다. 단위부피당 전하의 값이 아무리 크더라도 검출은 불가능한 것이다. 이 사실을 이해하기 위해서 깊은 바닷속에 떠 있는 물고기를 생각하자. 이 심해어는 절대로 해면 위에 떠오르거나 바다 밑으로 가라앉지도 않는다고 가정하자. 만약 바닷물이(액체헬륨처럼) 마찰이 없다고 한다면 이 물고기가 아무리 영리하다 하더라도 자기가 헤엄치고 있는 것이 수중인지 완전한 진공인지 분간할 수 없게 된다. 관측이불가능한 양은 자연의 물리학적 기술에 사용되어서는 안 된다. 이 심해어는 물체가 아래쪽으로 낙하한다는 것을 항상 보고 있다. 그것은 바다 위를 항해하고 있는 배의 갑판에서 내던져진 쓰레기 덩어리일 수도 있고 드물기는 하지만 침몰해 가는 배 자체일지도 모른다. 어쨌든 이 물고기는 아리스토텔레스의 주장에 따라 모든 물체를 아래로 잡아끄는 중력의 개념을 파악하게 될 것이다.

그러나 이제 빈 코카콜라 병이나 또는 대양을 운항하는 정기선이 침몰한다고 하자. 이 안에는 공기가 얼마간 남아 있다가 이들이 해저에 닿았을 때 이 공기가 새어 나갔다 하자. 이 영리한 심해어는 무엇을 볼 것인가? 아마도 한 덩어리의 은빛 구(球, 인간의 공통된 말로는 기포)가 위로 올라가는 것을 보게 될 것이다. 우리의 영리한 심해어는 이것을 보고 어떻게 생각할 것인가? 이들이 중력의 방향과는 반대 방향으로 움직이고 있는 것을 보고 물고기는 놀랄 것이다. 아마도 이것은 아래쪽으로 움직이는 보통의 물체와는 부호가 정반대인 질량을 갖는 물체일 것이라고 판단할 것이다.

좀 더 적절한 유추를 할 수도 있다. K, L, M껍질이 완전히 차 있는 복잡한 원자를 생각하자. 관통력이 센 X선을 이 원자에 쬐어 K껍질에 들어 있는 전자 중의 하나를 차버렸다 하자. 그 결과 K껍질에는 빈터(파울리의 공석)가 하나 생긴다. 이 공터는 L껍질에 있던 전자가 뛰어내림으로써 메꾸어지는 대신 이번에는 L껍질에 공터가 생긴다. 그러면 이번에는 M껍질에 있었던 가장 민첩한 전자가 L껍질 안의 공터로 뛰어내린다. 물론 M껍질이 L껍질과의 경쟁에서 이겨 K껍질 안의 공터가 직접 M껍질 안의 전자에 의해서 점유될 가능성도 있기는 하다.

반입자의 물리학

그러나 이 문제는 좀 더 다른 입장에서 생각해 볼 수도 있다. 음의 전자 하나가 K껍질에서 없어졌다는 것은 양의 전자가 하나 여분으로 추가됐다는 말과 같다. L껍질로부터 음의 전자 하나가 K껍질에 전이했다는 것은 K껍질로부터 양의 전하가 L껍질에, 그리고 그 뒤에는 또다시 M껍질에 전이했다는 말과 같다. 이런 점으로 보아 위의 문제는 이것을 가상적인 양전하의 입자가 최저의 K준위로부터 높은 M준위로 올라가고, 더 나아가 원자와 원자 사이의 공간 안으로 뛰어나갔다고 생각할 수도 있다. 쿨롱의 법칙에 따라 양의 전하를 갖는 원자핵은 양의 전하를 갖는 가상적인 전자를 반발할 것이므로 모든 것이 잘 들어맞고 괜찮아 보인다. 음의 질량을 갖는 음의 전하의 전자로 가득 찬 디랙의 바다(Dirac's Ocean)로 되돌아가 생각해 보기로 하자. 만약 음의 질량을 갖는 음의 전하의 전자 하나가 그 에너지준위로부터 빠져나간 상태가 있다면 실험가들은 이와 같은 상태를 어떻게 해석할 것인가? 명백히 두 개의 단도직입적인 답이 있을 것이다. 즉 (1) 음전하의 결여는 양전하의 출현으로서 관측될 것이다. 따라서 실험가들은 전하(+e)를 갖는 입자를 관측할 것이다. (2) 양의 질량의 결여는 양의 질량의 출현과 등가이다. 따라서 이 입자는 보통의 입자와 똑같이 행동할 것이며 또 양전하와 양의 질량을 갖는 보통의 입자로 관측될 것이다. 디랙은 이와 같은 생각에 따라 그의 착상을 확장시켰다. 그는 전자의 바다에 대응하는 입자의 질량값은 보통의 전자 질량의 약 1,840배와 같다는 것을 증명할 수 있으리라고 생각했다. 만약 이 생각이 옳다면 디랙의 전자의 바닷속에 생긴 구멍은 보통의 양성자로서 관측되어야만 했다.

1930년에 출판된 디랙의 논문(또는 오히려 그보다도 앞서 행해진 비공식적인 대담이나 통신)은 그의 착상에 대한 대단한 반대에 봉착했다. 예컨대 닐스 보어는 저자에게는 아직도 알 수 없는 일이지만 코끼리에게 관심을 갖고 있어서 〈코끼리를 생포하는 방법〉이라는 사냥 이야기를 만들어 냈다. 즉, 보어는 아프리카의 대수렵가들을 위해 다음과 같은 방법을 제안했다. 즉 코끼리가 자주 와서 물도 마시고 또 목욕도 하는 강기슭에 커다란 간판을 세우고 거기에 디랙의 이론에 관한 간단한 설명문을 써 놓는다. 속담에 의하면 코끼리는 매우 영리한 동물이므로 물을 먹으러 왔을 때 간판에 쓰인 글을 읽고 몇 분 동안이나 넋을 잃게 될 것이다. 이 순간을 이용해서 사냥꾼들은 숨어 있었던 숲속에서 뛰어나와 코끼리의 발을 밧줄로 꽁꽁 묶어 놓는다. 그리고 나서 생포된 코끼리는 함부르크(Hamburg)에 있는 하겐베크(Hagenbeck) 동물원에 보내지게 된다.

농담을 즐기는 파울리도 잠깐 계산해 보더니 만약 수소 원자 안의 양성자가 디랙의 구멍에 해당한다면 수소 원자 안에서 전자는 수억 분의 1초도 못 되는 사이에 이 구멍에 뛰어들어가게 될 것임을 밝혔다. 그렇게 되면 수소 원자(그리고 기타 모든 원자도 마찬가지로)는 순간적으로 소멸되고 고진동수(高振動數)의 복사선을 폭발적으로 발생시킬 것이다. 파울리는 이와 관련해서 〈제2의 파울리의 원리〉라 불리는 설을 제창했다. 이 원리에 의하면 이론물리학자들이 생각해낸 이론은 무엇이든 간에 즉각적으로 그 자신에게도 적용된다는 것이다. 따라서 이것을 디랙에게 적용한다면 디랙은 자신의 착상을 미처 누구에게 설명하기도 전에 γ선으로 변해버렸어야 한다는 것이다.

물론 이 모든 이야기들은 한낱 농담이었다. 그러나 디랙의 논문이 발표되고 1년이 지나자 미국의 물리학자 칼 앤더슨(Carl David Anderson, 1905~1991, 1936년 노벨물리학상 수상)은, 강한 자기장 안을 지나는 우주선 전자를 연구하던 중 전자의 반은 음의 하전입자로 예상대로의 방향으로 꺾였지만 나머지 반은 **정반대의 방향**으로 같은 각도만큼 꺾였다는 것을 발견했다. 이것이야말로 디랙의 이론에 의해서 예상되었던 양의 전하를 갖는 전자(양전자라고도 불림)였던 것이다. 양전자에 관한 실험이 진척되자 그 성질은 디랙의 구멍 이론이 예언하는 바와 완전히 일치한다는 사실이 밝혀졌다. 양전자는 처음에 우주선 안에서 발견되었지만 그 후 실험실 안에 설치된 장치에 의해서 단순히 고에너지의 γ선을 금속판에 부딪치게 함으로써 간단히 만들 수도 있다는 것이 알려졌다. 원자핵에 부딪친 γ선은 그 자리에서 소멸되는 동시에 그 에너지는 전부 두 개의 전자로 전환된다. 하나는 보통의 전자이고 나머지 하나는 양성자이다 (〈그림 28〉의 (a)). 전자의 질량은 에너지 단위로 표시하면 0.51MeV이므로 위의 과정이 일어나기 위해서는 γ선의 에너지가 1.02MeV보다 커야만 한다. 나머지의 에너지

$$h\nu - 2m_0c^2$$

은 이 충돌에 의해서 새로이 생겨난 전자쌍(e^+, e^-)에 이양된다. 이들 두 전자의 운명은 서로 다르다. 음전하를 갖는 보통의 전자(e^-)는 물질을 구성하는 여러 전자와 충돌해서 점차 그 속도가 줄어들다가 마침내 물질 안에 포착되어 버린다. 양의 전하를 갖는 e^+는 그리 오래 있지는 못하고, 보통의 전자 하나와 충돌함으로써 쌍소멸이 되어 두 개의 γ양자를 방출한다(〈그림 28〉의 (b)). 여기서 말하는 〈창생된다〉라든가 〈소멸된다〉는 말을 형이상학적인 의미로 해석해서는 안 된다. 얼음이 물에서 창생된다는 말은 물을 빙점 이하의 온도로 낮추었을 때 쓰는 말이며, 또 얼음이 소멸되었다는 말은 실내 온도에서 얼음이 물로 변환되었음을 뜻하는데 위에서 말한 창생, 소멸도 이 비슷한 뜻으로 사용되어야 한다. 질량과 에너지의 보존법칙(실제로는 아인슈타인의 공식 $E=mc^2$에 의해서 단 하나의 법칙으로 귀착)은 이 두 과정에서 모두 성립한다. 즉 이 두 과정에서는 각각 복사(γ선)가 입자로 변환되고, 입자가 복사(γ선)로 변환된다는 것뿐이다.

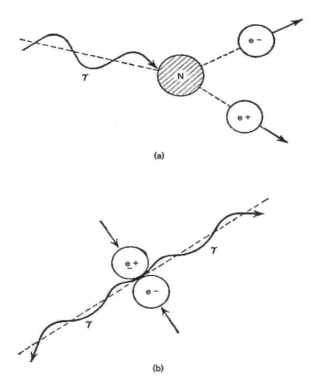

(a) 고에너지의 γ선이 원자핵(N)에 충돌해서 e^-와 e^+의
    한 쌍으로 변화하는 것
(b) e^-와 e^+의 쌍이 자유공간에서 서로 충돌하여, 서로
    반대 방향으로 향하는 두 γ선을 창생하는 것
⟨그림 28⟩ 디랙 이론에 의한 음의 전자(e^-)와 양의 전자(e^+)의
    창생과 소멸

전자의 반입자(양전자)가 발견되자 다음으로 문제 된 것이 양
성자와 같은 질량을 가지며 음의 전하를 갖는 반(反)양성자도
역시 존재하는가 하는 문제였다. 양성자는 전자보다 1,840배나

무겁기 때문에 양성자, 반양성자의 한 쌍을 창생시키는 데는 100만 eV가 아닌 수십억 eV의 에너지가 필요하게 된다. 이와 같은 사실을 고려하여 미국 원자력위원회는 필요한 만큼의 에너지를 핵의 탄환입자에 줄 수 있는 입자가속기를 만들기 위해 알맞는 비용을 썼다. 그 결과, 수년 이내에 두 개의 거대한 가속기가 미국에 건설되었다. 버클리에 있는 캘리포니아대학 방사선연구소에 있는 **베바트론**(Bevatron)과 뉴욕 롱아일랜드의 브룩헤이븐(Brookhaven National Laboratory)의 **코스머트론**(Cosmotron)이 그것이다. 곧이어 비슷한 크기의 가속기가 하나는 스위스의 제네바(Geneva) 교외에 있는 세른(CERN, Conseil Européenne pour la Recherche Nucléaire)에, 또 하나는 소련의 모스크바 교외에 건설되어 맹렬한 경쟁이 벌어졌다. 그 결과 캘리포니아 팀이 승리를 거두었다. 1955년 10월 에밀리오 세그레(Emilio Gino Segré, 1905~1989, 1959년 노벨물리학상 수상)와 그 협력자들은 고속입자의 포격을 받은 표적으로부터 양의 양성자(반양성자)가 튀어나오는 것을 발견했다고 발표했다. 그 후 그들은 반중성자도 발견했다. 반중성자는 보통의 중성자와 충돌할 때 쌍소멸을 한다. 이 책의 뒷부분에 가서 언급하게 되는 바와 같이 좀 더 최근에 와서 발견된 기타의 모든 입자들〔여러 가지 중간자와 중핵자(Hyperon)〕들 또한 반입자를 갖고 있다.

이와 같이 양성자를 전자의 반대입자로 설명하려던 디랙의 본래 의도는 실패로 돌아갔다 해도, 그는 반입자물리학이라는 넓은 영역을 개척해 놓은 것이다.

반입자에는 아직도 풀리지 않는 의문이 두 가지 있다. 우리의 지구를 만들고 있는 원자는 음의 전자와 양의 양성자, 그리고 보통의 중성자로 이루어져 있다. 천문학적 연구에 의하면 태양계와 태양 자체도 마찬가지이다. 사실 태양으로부터 방출되어 지구 대기권으로 뛰어들어오는 양성자와 전자는 보통의 양의 양성자와 음의 전자이다. 이보다는 약간 불확실하기는 하지만 아마도 틀림없으리라 생각되는 것은, 은하계(Milky Way)의 모든 별이나 성간물질도 보통의 물질로 이루어져 있다는 설이다. 왜냐하면 만약 그렇지 않다면 우리의 은하계(Our Galaxy)의 모든 부분으로부터 강한 γ선이 방출되는 것이 관측되어야 하기 때문이다. 그러나 우리 은하계로부터 수백만 광년이나 떨어져 있는 수천억 개의 다른 은하계에 관해서는 어떨까? 우리의 우주는 보통 물질로만 되어 있는 불균형한 것일까? 또는 우주 내 여러 은하계의 반은 보통 물질로 되어 있고, 반은 반물질로 되어 있는 것일까? 이 점에 관해서는 아무것도 아는 바가 없고, 또 그것을 조사해낼 방법도 없어 보인다.

또 하나의 수수께끼는 현대의 가속기에 의해서 대량으로 생겨나는 반입자의 중력질량은 양인가 음인가의 문제이다. 얼핏 생각하면 이 의문은 직접적인 실험에 의해서 쉽게 확인될 수 있을 것 같다. 고(高)에너지 가속기에 의해서 반(反)양성자선을 만들고 진공으로 된 관내를 수평으로 달리게 하고 지상에서 수평으로 던진 돌이 낙하하듯이 양성자선도 지구의 중력자용으로 낙하하는 것인지 또는 위로 상승하는지를 조사해 본다 하자. 만약 상승한다면 반입자가 지구의 질량에 의해서 반발된다고 추정해도 좋을 것이다. 그런데 공교롭게도 실험실 안에서 생겨난 반입자는 거의 광속(3×10^{10} ㎝/sec)에 가까운 속도로 달리고 있다. 그러므로 만약 관(管)의 길이가 3㎞(3×10^5 ㎝)라 한다면,

이 반입자는 이 관내를 10만 분의 1초에 통과해 버린다. 자유 낙하의 법칙에 의하면 낙하(또는 음의 중력질량의 경우에는 상승)하는 거리는 $1/2gt^2$ cm에 의해서 주어진다. 여기서 g는 약 10^3 cm/sec^2 정도이다. 만약 $t=10^{-5}$sec라 한다면 연직 방향의 낙하는 $10^3 \times 10^{-10}=10^{-7}$cm가 된다. 이것은 원자의 직경과 같은 크기이다! 반입자선에 대해서 이와 같이 미세한 방향의 편향을 발견해낼 실험은 불가능하다. 실험을 가능하게 하기 위해서는 반양성자를 더 느리게 해서 적당한 크기의 속도, 예컨대 초속 수 센티미터 정도로 만들 수도 있을 것이다. 그렇게 해두면 낙하 또는 상승한 거리를 쉽게 잴 수도 있을 것이다. 그러나 어떤 방법으로 하면 반양성자를 느리게 할 수 있을 것인가? 원자로 안에서는 여러 가지 감속제(흑연 또는 중수) 안을 통과시킴으로써 중성자의 속도를 느리게 할 수 있다. 이때 중성자는 감속제 안의 원자와 충돌함으로써 점차 에너지를 잃게 된다. 그러나 반양성자의 경우에 이 방법을 쓸 수는 없다. 보통의 물질로 된 감속제 안을 지나갈 때 반양성자는 첫 번째 충돌에 이미 소멸되어 버릴 것이다. 이와 같이 해서 이 문제는 아직도 해결이 안 된 채 남아 있다.

마지막으로 이야기하고 싶은 것은, 만약 반입자의 중력질량이 음이란 것이 실증된다면 우주론의 여러 문제를 푸는 데 매우 도움이 될 것이라는 점이다. 만약 보통의 입자와 반입자가 우주공간 안의 어디서나 균등하게 창생되었다면 같은 종류의 입자 사이에는 중력적 인력, 반대되는 입자 사이에는 아마도 중력적 반발력이 작용하리라 생각되므로 보통 입자와 반입자는 서로 멀리 떨어져 나가게 될 것이다. 이와 같은 이유로 공간의 넓은 영역이 보통 물질에 의해서 점유되고, 또 하나의 다른 넓은 영역이 반물질에 의해서 점유될 수도 있을 것이다. 이와 같이 해서 물질과 반물질이 분리되었다면 자연은 대칭적이라는 우리의 신념에는 아무런 금이 가지 않아도 된다. 그러나 정말 그런지 어떤지는 알 수 없다. 그리고 언젠가는 알게 될 것인지 아닌지도 알 수 없다.

7장

E. 페르미와 입자의 변환

옛날에는 어느 물리학자나 자기가 연구하고 있는 물리학의 실험적인 부분과 이론적인 부분을 모두 연구할 수 있는 능력을 가지고 있었다. 가장 유명한 예는 아이작 뉴턴 경으로서 그는 만유인력 이론을 만들었고, 이 이론을 위해 오늘날 미적분학이라 불리는 수학의 새로운 분야를 발명하기도 했다. 뉴턴은 또 백색광이 여러 가지 빛깔의 스펙트럼이 겹쳐서 이루어진 것임을 증명하는 중요한 실험적 연구도 해놓았다. 그는 반사망원경을 만든 최초의 사람이기도 하였다. 그러나 물리학의 분야가 넓어지면 넓어질수록 실험 기술과 수학적 방법은 더욱더 복잡해지고 혼자서는 도저히 손댈 수 없게 되었다. 그리하여 물리학이라는 전문직은 실험가와 이론가라는 두 전문가로 갈라지게 되었다. 위대한 이론물리학자 아인슈타인은(적어도 저자가 아는 범위 안에서는) 한 번도 스스로 실험을 해 본 일이 없었다. 한편 위대한 실험가였던 러더퍼드 경은 수학에 약했기 때문에 실은 α입자의 산란에 관한 유명한 러더퍼드의 공식을 젊은 수학자 R. H. 파울러에게 부탁해서 계산하게 했었다. 일반적으로 말해 오늘날 이론물리학자는 실험기구에 손만 대면 깨지지나 않을까 하는 두려움으로 웬만해서는 실험기구에 접근하기조차 꺼리고 있으며(3장 파울리 효과 참조), 또 실험물리학자들은 복잡한 수학적 계산 앞에서 어쩔 줄을 모르고 있는 것이 사실이다.

엔리코 페르미(Enrico Fermi, 1901~1954)는 1901년 로마에서 태어났는데 그야말로 훌륭한 이론물리학자인 동시에 훌륭한 실험물리학자이기도 한 보기 드문 예의 하나이다. 이론물리학에 관한 그의 중요한 공헌 중 하나는 축퇴(縮退 : 양자역학에서 하나의 에너지준위에 대해 두 개 이상의 상태가 존재하는 것)된 전자기체에 관한 연구로서 이 논문은 금속의 전자론이나, 백색왜성이라 불리는 밀도가 매우 큰 별의 구조를 이해하는 데 중요한 역할을 하고 있다. 또 하나의 중요한 연구는 β붕괴라 불리는 입자의 변환에 관한 수학적 이론이 있다. 이 이론은 전에 파울리가 제창한 전하와 질량이 없는 신비로운 입자(중성미자)의 방출을 수반하는 변환의 과정을 취급한 연구였다.

페르미는 유머 넘치는 건실한 로마 청년이었다. 그가 아직도 로마대학의 교수로 있던 시절, 무솔리니(Benito Mussolini, 1883~1945)는 페르미에게 〈각하(Eccellenza, His Excellency)〉라는 칭호를 수여했다. 어느 때였던가 페르미는 베네치아의 궁전에서 열리는 과학 아카데미 회합에 참석하게 되었다. 이 모임에는 무솔리니가 직접 나와서 축사를 읽어야 했기 때문에 궁전은 엄중히 경비되어 있었다. 이 모임에 참석하는 다른 모든 사람들은 제복을 입은 운전수가 운전하는 커다란 외국계 리무진으로 도착했지만 페르미는 자기의 조그만 피아트(Fiat)를 타고 갔다. 궁전 문에 도착하자 그는 두 사람의 기병에게 검문을 받았다. 그들은 페르미의 조그만 자동차에 총대를 갖다 대고 무슨 목적으로 왔느냐고 물었다. 뒤에 페르미가 저자에게 이야기한 바로는 그때 페르미는 기병에게 「나는 엔리코 페르미 각하이다」라고 얘기해도 도저히 믿어주지 않을 것 같아 「나는 엔리코 페르미 각하의 운전수입니다」라고 대답했다 한다. 그런 즉 기병은 「좋아, 안으로 차를 몰고 들어가 주인을 기다리게」 하더라는 것이었다.

β붕괴 때, 전자와 함께 질량도 전하도 갖지 않는 입자가 방출된다는 착상은 애초에 파울리에 의해서 나온 것이지만, 파울

리가 좋아하는 이 입자의 방출에 관한 β붕괴의 이론을 수학적으로 엄밀한 형태로 완성하고, 이 이론이 실험 사실과 완전히 일치한다는 것을 증명한 최초의 사람은 페르미였다. 페르미는 또한 이 입자의 오늘날의 이름인 중성미자(Neutrino)의 명명자이기도 하다. 본래 이 입자는 파울리에 의해서 **중성자**(Neutron)라 불렸었다. 오늘날 중성자(전하가 없는 양성자)라 불리는 입자는 당시 아직 발견되지 않았으므로 이 입자를 중성자라 불러도 무방했던 것이다. 그러나 이 이름은 특허권을 가지고 있지는 않았다. 왜냐하면 파울리는 이 이름을 비공식적인 대화나 편지 속에서만 썼으며 인쇄물 속에서 사용한 것은 아니었기 때문이다. 1932년이 되어 제임스 채드윅이 전하를 갖지 않는 입자로서 질량이 양성자와 거의 비슷한 입자의 존재를 실증했다. 『런던 왕립학회보(Proceedings of Royal Society of London)』라는 학술지에 발표된 채드윅의 논문에서 이 입자는 중성자라 불렸다. 페르미는 그때 로마대학의 교수였는데, 매주 있었던 세미나에서 채드윅의 발견에 대해서 보고하고 있었다. 그때 누군가 청중석에서 채드윅의 중성자는 파울리의 중성자와 같은 것인가 물었고 페르미는(물론 이탈리아말로) 대답했다.

「아뇨, 채드윅의 중성자는 크고 무겁습니다. 파울리의 중성자는 작고 가볍습니다. 파울리의 중성자는 중성미자라고 불러야 하겠지요.」*

언어학적으로 중성자와 중성미자의 차이에 관한 해석을 붙인 후 페르미는 β붕괴의 수학적 이론을 만들기 시작했다. 페르미

---

*이탈리아말로 Neutrino는 Neutrone의 축소형으로서 작은 중성자란 뜻이다.

의 이론에 의하면 불안정한 원자핵으로부터 전자(양 또는 음의 전하를 갖는)와 중성미자는 동시에 방출되는데, 이때 원자핵에서 해방되는 에너지는 양쪽 입자 사이에 여러 가지로 분배된다는 것이다. 이 이론을 만드는 데 있어 페르미는 원자가 빛을 방출할 때의 이론을 그대로 따랐다. 빛의 경우, 높은 에너지 상태로 들떠 있던 전자는 더 낮은 에너지 상태로 전이할 때 남는 에너지를 하나의 광양자 형태로 방출한다. 이와 같은 불연속적인 전이를 일으키기 전의 전자 운동은 비교적 넓은 영역에 걸쳐 있는 파동함수에 의해 기술된다. 전이가 일어난 후, 전자의 파동함수는 앞서 보다 좁은 영역에 걸쳐 있는 파동함수로 줄어들며 이때 방출되는 에너지는 전자기파의 형태로 사면팔방의 둘레 공간으로 퍼져 나간다. 변환을 일으키는 원인이 되는 힘은 전자기장과 전하 사이에 작용하는 우리가 잘 알고 있는 힘이므로 이들의 효과는 쉽게 현재의 이론으로 계산이 가능하다. 이와 같이 계산된 전자의 전이에 대한 확률은 실측한 스펙트럼선의 세기와 완전한 일치를 보이고 있다.

β붕괴의 이론을 만들 때 페르미는 이보다 훨씬 복잡한 문제를 해결해야만 했다. β붕괴의 경우에는 원자핵 안에서 어떤 에너지 상태를 점유하고 있었던 중성자는 양성자로 전환하기 때문에 그 전하가 변한다. 또 원자의 경우에는 한 개의 광양자가 튀어 나갔지만 β붕괴 때는 두 입자(전자와 중성미자)가 동시에 방출된다.

β붕괴의 배후에 숨어 있는 힘

이 이론의 가장 힘들었던 점은 β붕괴에는 어떤 종류의 힘이

작용하는가를 전혀 알 수 없었다는 점이다. 빛의 방출의 경우에 작용하는 힘은 잘 알려져 있는 전자기력이다. β붕괴를 일으키는 힘이 무엇인가는 알려지지 않았고 페르미는 그것을 짐작할 수밖에 없었다. 천재의 특성에 어울리게 그는 가능한 한 가장 간단한 가정을 하기로 했다. 즉 중성자가 양성자로 전환(또는 양성자가 중성자로 전환)함과 동시에 전자(또는 양성자)와 반(反)중성미자(또는 중성미자)*를 방출할 확률은 단순히 원자핵 안의 임의의 점에서 이 전환에 관련되는 네 입자가 파동함수의 세기의 곱에 비례한다고 가정했으며 그 비례계수는 실험 데이터와 비교함으로써 결정 할 수밖에 없었다. 그는 이 비례계수를 g라는 문자로 표시했다. 꽤 복잡한 수학을 씀으로써 페르미는 β선의 에너지 스펙트럼의 모양과 β붕괴의 확률이 에너지와 어떤 관계에 있는가를 계산할 수 있었다. 물론 이 계산은 상호작용에 관한 가정이 옳다는 전제하에서였다. 이 계산의 결과는 실험적으로 얻은 곡선과 훌륭한 일치를 보였다.

페르미의 β붕괴이론의 유일한 결점은 상수(g)의 값 3×10^{-14} (무명수**를 단위로 해석)을 이론적으로 끄집어낼 수 없다는 점이다. 이 값은 실험에 의해서 직접 정한 값이다. g의 값이 매우 작다는 것은 다음 사실과 관련된다. 즉 원자핵이 γ선을 방출하는 데는 10^{-11}초밖에 안 걸리지만 원자핵이 전자, 중성미자의 쌍을 방출하는 데는 수 시간, 수개월 또는 수년이나 걸리는 수도 있다. 이런 까닭에 현대물리학에서 모든 입자의 붕괴는 약

---

*페르미는 중성미자와 반중성미자를 구별하지는 않았다. 이 책에서도 그에 따르겠다.

**$|g| \cdot \dfrac{|mc^2|}{|\sqrt{2\pi h^3}|}$,여기서 m은 전자의 질량, c는 광속, h는 양자상수이다.

한 상호작용(Weak Interactions)이란 이름으로 불린다. 중성미
자의 방출 및 흡수에 관한 모든 과정에 관계되는 이 약한 상호
작용의 본질을 설명하는 일이야말로 장래의 물리학이 해결해야
할 과제인 것이다.

페르미 상호작용 법칙의 응용

β붕괴의 과정

$n \rightarrow p + e^- + v + $ 에너지

또는*

$p + $ 에너지 $\rightarrow n + e^+ + v$

와 비슷한 과정에 대해서도 페르미 상호작용 법칙은 적용될 수
있다. 그 한 예는 양전자를 방출하는 β^+붕괴와는 달리 불안정
한 원자핵에 의한 원자 내 전자의 흡수 과정이다. 양전자와 중
성미자를 방출하는 대신, 이 원자핵은 음의 전자를 그 전자가
묶고 있었던 전자껍질로부터 빼앗아 흡수하고 다음 식과 같이
중성미자를 방출한다.

$z(핵)^A + e^- \rightarrow z-1(핵)^A + v + $ 에너지

이와 같은 과정에 의해서 원자핵에 흡수되는 원자 내 전자는

---

*에너지적으로 따져볼 때 첫째 과정은 자유중성자에 대해서는 물론이고
원자핵 안에 속박돼 있는 중성자에 대해서도 일어나지만, 둘째 과정은 복
잡한 원자핵 안에 있는 양성자에 대해서만 일어난다. 그 이유는 후자의
경우 여분으로 필요로 하는 에너지를 핵 안의 다른 핵자로부터 얻을 수
있기 때문이다.

보통 K껍질(원자핵에 가장 가까운 궤도의 껍질)에 소속되는 전자의 하나이므로 이것을 보통 〈K포착(K-Capture)〉이라 부른다. 이와 같은 과정의 가장 간단한 예는 베릴륨의 불안정한 동위원소인 Be^7의 의해서 이루어지는데 이 핵은

$$_4Be^7 \rightarrow {}_3Li^7 + e^+ + v + 에너지$$

또는

$$_4Be^7 + e_k^- \rightarrow {}_3Li^7 + v + 에너지$$

중 어느 한 과정에 의해서 다른 핵으로 전환된다.*

후자의 경우 안개함에서 찍힌 사진 건판에는 궤적이 하나($_3Li^7$의 궤적)만 나타나는데 이것은 H. G. 웰스(Herbert George Wells, 1866~1946)의 유명한 소설 『투명인간(The Invisible Man)』에 나타나는 이야기와 상황이 비슷하다. 이 소설에는 런던의 경관이 발길에 차여 뒤를 돌아보았으나 그를 찬 사람은 아무도 없었다 한다. K포착의 실험 결과를 연구 분석한 바에 의하면 K포착이 일어날 확률은 페르미 이론의 예상값과 정확히 일치하였다.

β붕괴와 같은 카테고리에 속하는 또 하나 흥미 있는 과정은 H-H(수소-수소)반응이다. 이 과정은 찰스 크리치필드(Charles Critchfield)에 의해서 처음으로 제창되었는데, 태양이나 그리 밝지 않은 항성의 에너지 생산에 이바지한다고 생각된다.** 두

---

*핵을 나타내는 기호의 왼쪽 아래에 있는 첨자는 원자번호를 표시하며, 오른쪽 위 어깨에 있는 첨자는 질량수를 나타낸다.
**더 밝은 별, 예컨대 시리우스의 경우에는 에너지 생산의 중요한 몫은 C. 폰 바이츠제커 및 H. 베테에 의해서 각각 독립적으로 제창된 소위 탄

개의 양성자가 서로 충돌하고 있는 짧은 시간 사이에 그중 하나가 양전자와 중성미자를 방출해서 중성자로 전환하면, 이 중성자와 나머지 하나의 양성자는 서로 결합하여

$$_1p^1 + _1p^1 \rightarrow _1d^2 + e^+ + v + \text{에너지}$$

에 따라서 중수소의 원자핵인 중양성자 $_1d^2$를 형성하게 된다. 이 과정이 일어나는 확률은 페르미 이론에 의해서 정확히 예언될 수 있다.

페르미 상호작용의 마지막 예는 매우 중요한 과정이다. F. 라이네스와 C. 코완은 이 과정을 이용해서 중성미자의 존재를 직접적으로 증명했다. 이 과정은

$$_1p^1 + v + \text{에너지} \rightarrow _0n^1 + e^+$$

로 표시된다. 라이네스와 코완은 서배너강 원자력연구소에 있는 원자로 가까이에 측정장치를 놓고 그 반응을 관측했다. 대량의 중성미자를 측정장치에 충돌시킬 때 발생하는 중성자와 양전자의 실측수는 페르미 이론이 예측하는 바와 정확히 일치했었다. 이 상호작용은 매우 약하기 때문에 방출된 중성미자의 반을 흡수하기 위해서는 수 광년 정도의 두께를 갖는 두터운 액체수소의 벽을 준비하지 않으면 안 될 정도이다. 중성미자가 관여하는 페르미 이론은 최근 수년 사이에 발견된 새로운 소립자의 여러 붕괴 과정에 대해서도 적용될 수 있다. 그래서 오늘날 이 이론은 좀 더 일반화되어 〈보편 페르미 상호작용〉이라 불리고 있다.

소순환과정(carbon cycle)에 의해서 주어진다.

핵반응에 관한 페르미의 연구

이론적 연구와 함께 페르미는 실험적 연구도 대규모로 했다. 이 실험은 느린 중성자의 충격에 의한 무거운 원소의 핵반응과 초우라늄원소(원자번호 z가 92보다 큰 원소)의 제조에 관한 실험이다. 페르미는 이 연구에 의해서 1938년 노벨물리학상을 받았다. 그 후 얼마 안가서 페르미는 미국으로 이주했다. 1939년 그는 조지워싱턴대학에서 열린 회의에 참석했다. 이 회의에서 닐스 보어는 유명한 독일의 물리학자인 리제 마이트너(당시 스톡홀름에 살고 있었다)가 보내온 매우 충격적인 소식을 포함한 전보를 읽고 있었다. 그 전보에 의하면 베를린대학에 있는 마이트너의 옛 공동 연구자였던 오토 한과 프리츠 슈트라스만(Fritz Strassmann, 1902~1980)이 우라늄에 중성자를 충돌시키면 우라늄 핵이 크기가 대략 비슷한 두 개의 덩어리로 분열하고 대량의 에너지를 방출한다는 사실을 발견했다는 것이다. 이 보도가 출발점이 되어 연달아 여러 일들이 일어나서 마침내 몇 년 안 되어 원자폭탄, 원자력발전소 등이 출현했고 원자력 시대(좀 더 정확하게는 핵에너지 시대란 말이 좋았을 법했다)의 출발점이 되기도 한 것이다.

페르미는 시카고대학에 설치된 극비 연구소의 지도자로 일하게 되었다. 그리고 1942년 12월 2일, 이 연구소는 우라늄의 연쇄 핵반응이 그날 오후 처음으로 성공적으로 이루어졌다고 발표했다. 이것은 인류에 의한 최초의 통제된 핵에너지의 방출을 뜻하는 것이었다.

본래 이 책은 실제적인 응용보다는 사물의 본성에 대한 이해에 중점을 두고 쓰고 있는 만큼 연쇄 핵분열반응에 대해서는

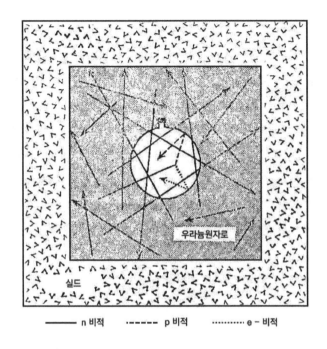

우라늄원자로

실드

——— n 비적　·－－－－ p 비적　··········· e - 비적

〈그림 29〉 우라늄원자로 안에 넣어 둔 페르미 병. 중성자의 평
균수명을 재기 위해 특별히 설계된 것이다

더 이상 논의하지 않기로 하고, 다만 페르미가 발명한 원자로
를 써서 행한 흥미로운 실험 하나에 대해 설명함으로써 이 장
(章)을 마치고자 한다. 중성자의 평균수명은 원자로에 의해서
처음으로 측정될 수 있게 되었다. 원자로 안에서 중성자는 양
성자와 전자, 중성미자로 붕괴된다. 이 실험에 사용할 장치는
〈페르미의 병(Fermi Bottle)〉으로 알려져 있다. 이것은 병이라고
는 하지만 사실은 진공으로 된 구형(球形)의 용기로서 목을 잘
라버린 키안티(Chianti)* 병과 좀 닮았다. 〈그림 29〉에 그려
놓은 바와 같이 이 구를 원자로 안에 놓고 원자로가 가동하고

있는 동안 장시간에 걸쳐 그대로 방치해 둔다. 원자로 안에서 대량으로 돌아다니는 핵분열 중성자는 대부분 이 〈페르미 병〉 속으로 들어왔다가는 다시 튀어나간다. 그러나 병 안에 들어온 중성자가 일단 붕괴해서 양성자와 전자로 깨지고 나면 이 입자들은 병의 벽을 뚫고 밖으로 나갈 수 없게 된다. 그 결과, 보통의 수소 기체가 점차 병 안에 축적된다. 수소 기체가 축적되어 가는 비율은 중성자가 병 안을 지나가는 사이에 붕괴될 확률에 의존한다. 따라서 일정 시간 안에 병 안에 축적된 수소의 양을 재면 쉽사리 중성자의 평균수명이 추정된다. 이 실험의 결과 중성자의 평균수명은 약 14분임이 밝혀졌다.

이 방면에 관한 페르미의 업적에 대해서 더 많은 것을 알고 싶은 독자는 페르미 부인 라우라(Laura)가 그의 사후에 엮어낸 『원자와 우리 가족(Atoms in the Family)』이란 책을 읽어 주기 바란다.

---

*역자 주: 이탈리아산 붉은 포도주

8장
H. 유카와 중간자

페르미의 β붕괴에 관한 이론이 일대 성공을 거두자 핵자를 결합하고 있는 인력의 설명에도 이 이론을 적용시킬 수 없을까 하는 의문이 생겼다. 당시 두 핵자 사이에 작용하는 힘은 그 핵자가 둘 다 중성자이건, 하나는 중성자이고 하나는 양성자이건, 또는 둘 다 양성자이건 관계없이 동일하다는 것이 알려져 있었다. 물론 양성자와 양성자 사이에는 양성자가 갖는 양전하에 의한 쿨롱의 반발력을 고려해야겠지만 실험에 의하면 거리에 따라 $\left(\frac{1}{r^2}\right)$처럼 비교적 서서히 감소하는 쿨롱의 힘과는 대조적으로 핵력은 오히려 고전물리학에서의 응집력을 닮고 있다는 것이 밝혀졌다. 마치 두 조각의 스카치테이프를 아무리 접근시켜 보아도 아무런 힘도 작용하지 않지만, 두 조각을 접착시켜 놓으면 곧 달라붙는 것과 마찬가지로 두 개의 핵자도 서로 접착시켜 놓으면 갑자기 힘이 작용한다. 이 힘은 두 핵자를 서로 약 10^{-13} cm의 거리까지 접근시켜 놓으면 작용하기 시작한다. 일단 붙어버린 핵자를 다시 떼어놓는 데는 약 1000만 eV의 에너지가 필요하게 된다. 원자 사이에 작용하는 이와 비슷한 힘에 대해서는 그 힘이 원자의 전자껍질이 서로 접촉하자마자 일어나는 전자의 교환에 기인한다고 생각된다. 이와 같은 〈교환(Exchange Force)〉의 파동역학적 이론은 1927년 W. 하이틀러(Walter Heitler, 1904~1981)와 F. 론돈(Fritz London, 1900~1954)에 의해서 만들어졌는데, 그들은 두 수소 원자가 2원자분자*를 형성하고 있는 간단한 경우에는 문제를 정확히 풀 수 있다는 것을 보여 주었다. 하이틀러와 론돈은 다음과 같은 두

---

*2원자분자란 두 개의 원자로 이루어지는 분자를 말한다.

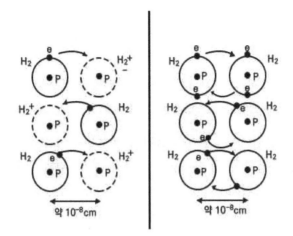

(a) 하이틀러와 론돈의 이론에 따라 이온화된 수소 분자 및
    중성의 수소 분자 안에서 두 양성자가 전자의 교환에 의
    해서 서로 결합되는 상황 설명

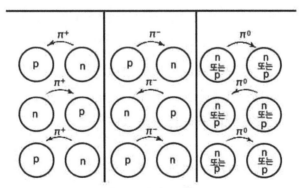

(b) π중간자(π⁺, π⁻, π⁰)를 교환함으로써 생기는 세 가지 형(形)의 교
    환력의 핵력을 나타냄
    〈그림 30〉 교환력을 설명하는 그림

가지 경우를 생각했다.

   (a) 수소 분자이온 H_2^+, 이것은 2개의 양성자와 1개의 전자로 구성된다

   (b) 중성의 수소 분자 H^2, 이것은 2개의 양성자와 2개의 전자로 구성된다(〈그림 30〉의 (a) 및 (b) 참조)

  전자의 운동에 관한 슈뢰딩거의 파동방정식은 두 경우 모두에 대해서 정확히 풀려 있다. 수학적 분석 결과 두 사이의 거리가 어떤 일정치(H_2^+의 경우에는 R, H_2 분자의 경우에는 R^1)일 때 최저 에너지를 갖는 평형 상태가 있다는 것이 밝혀졌다. 이들 평형 상태에서의 에너지 계산치는 H_2^+ 및 H_2 분자의 해리 에너지의 실험치와 완전한 일치를 보여 주었다. 이와 같이 해서 두 개의 똑같은 원자 사이에 작용하는 교환력이라는 개념이 양자화학의 분야에서 확고부동하게 확립되었던 것이다.

  두 개의 핵자 사이의 인력도 마찬가지 생각에 의해서 설명될 수 있으리라는 것은 자연스러운 가정이었다. 두 개의 핵자가 서로 접근했을 때 전자가 중성미자와 함께 핵자 안을 왕래함으로써 인력의 교환력이 생기리라 예상된다. 이것은 훌륭한 착상이었지만 결과는 형편없었다. 1934년 D. 이바넨코(D. Ivanenko)와 I. 탐(Igor Yevgenyevich Tamm, 1895~1971, 1958년 노벨물리학상 수상)은 두 핵자 사이의 교환력을 페르미 상호작용에 의해서 생기는 것이라고 가정하고 계산해 보았다. 그 계산 결과는 결합에너지가 $10^{-8}eV$ 정도에 불과하였다. 이것은 절대로 오식(誤植)이 아니다. 즉 1,000만 eV 대신 그 값은 1억 분의 1eV이며 0이 15개나 적었던 것이다. 명백히 페르미의 약한 상호작용

은 원자핵 안에서의 양성자와 중성자 사이의 강한 결합력을 설명할 수는 없었던 것이다.

1년 후인 1935년 일본의 물리학자 유카와 히데키(梁川秀樹, Hideki Yukawa, 1907~1981, 1949년 노벨물리학상 수상)는 핵자 사이에 강한 상호작용을 설명하기 위해 혁명적인 착상을 제창했다. 전자, 중성미자쌍이 핵자 사이를 이리저리 오고가면서 생기는 교환력에 의해서 이 강한 상호작용을 설명할 수 없다면 이 힘을 매개하는 완전히 새롭고 아직껏 발견되지 않은 입자가 있는 것이 아닐까 하고 그는 생각했다. 실험 사실에 알맞는 세기를 얻기 위해서는 이 입자의 질량*은 전자의 약 200배(또는 양성자의 약 1/10배)여야만 했다. 또 핵자와 이 입자 사이의 상호작용의 세기(유카와의 상호작용상수로 표시)는 β붕괴에 대한 페르미의 상호작용상수(g)의 약 10^{14}배나 된다. y의 크기는 전자 사이에 작용하는 보통의 쿨롱 상호작용의 세기와 같은 정도의 크기(약 100배 크다)이다. 이 가상적인 입자는 여러 가지 별명으로 불렸다. 유콘(Yukon), 일본전자, 무거운 전자, 메소트론(Mestron), 그리고 마지막에 가서야 메손(Meson : 중간자)이라 결정되었다. 유카와 이론이 발표되고 나서 2년 후 전자질량의 207배가 되는 질량을 갖는 입자가 우주선 안에서 발견되었다. 발견자는 캘리포니아공과대학의 C. 앤더슨과 S. 네더마이어(S. Neddermyer)였는데, 그들은 유카와의 가정을 볼품 있게 증명했다고 생각된다. 그러나 곧 잠시 동안의 차질이 생겼다. M. 콘베리(M. Converi), E. 판치니(E. Pancini) 및 O. 피치오니(O.

---

*역자 주: 이 새로운 입자의 질량은 핵력이 약 1.4×10^{-13} ㎝ 정도의 단거리 이내에서만 작용해야 한다는 조건으로부터 유도된다.

Piccioni)가 행한 실험에 의하면 이 입자는 틀림없이 유카와의 가상적 중간자의 질량을 갖고 있었으나 핵자와의 상호작용은 핵력을 설명하기 위해 필요한 세기의 1조(兆)의 1에 불과하였던 것이다. 1947년이 되어 영국의 물리학자 C. F. 파월(Cecil Frank Powell, 1903~1969, 1950년 노벨물리학상 수상)은 대기 상공에 사진 건반을 띄워 올려서 실험한 바, 해면상에서 관측되는 중간자(전자질량의 207배)는 실은 지구 대기권 바깥층에서 우주선에 의해서 창생된 더 무거운 중간자(전자질량의 264배의 질량)의 붕괴 산물이라는 것을 발견했다. 이와 같이 해서 중간자에는 무거운 것과 가벼운 것의 두 종류가 있게 되었다. 무거운 중간자는 π중간자 또는 파이온(Pion)이라 불리며, 가벼운 중간자는 μ중간자 또는 뮤온(Muon)이라 불린다. 파이온은 핵자와 매우 강한 상호작용을 가지며 유카와가 처음에 생각했던 바와 같이 핵력을 이끌어 주는 입자라는 것이 거의 틀림없다. 그러나 이와 같은 과정에 대한 정확한 이론은 (예컨대 반입자에 관한 디랙 이론에 비교해서) 아직도 전개되어 있지 않다.

9장

아직도 연구 중

독자는 아마도 이 책의 뒷부분에 나오는 장(章)의 페이지 수
가 점차 줄어들고 있다는 사실을 알아차렸을 것이다. 이것은
저자가 피곤해져서 그런 것은 아니고 양자론이 처음 30년간에
걸친 그 빛나는 발전을 만들어 놓은 후로는 매우 심각한 곤란
에 부딪치게 되어 그 발전 속도가 상당히 늦어졌기 때문이다.
이 기간의 마지막을 장식하는 완성된 장(章)에서는 디랙에 의한
파동역학과 상대성역학의 통일로서 그 결과 반입자에 관한 기
발한 이론이 생겨난다. 실험적으로 그 존재가 밝혀지자 반입자
는 정확히 이론의 예측대로 움직인다는 게 증명된 것이다.

전자-중성미자쌍의 방출 및 흡수를 포함하는 과정에 대비한
페르미의 이론을 예컨대 뮤온이 전자 하나와 중성미자 두 개로
붕괴하는 것과 같은 좀 더 복잡한 과정에 응용해 보면 약간 애
매한 점이 나타난다. 또 페르미의 상수(g)의 값은 다른 여러 기
초적 자연상수로부터 유도해낼 수도 없었다[보어가 수소 원자의
이론을 발표할 때까지 리드베르크상수(R)는 고전분광학적으로 경험적
인 상수로밖에는 취급할 수 없었다는 것과 사정이 비슷하다].

소립자 사이의 강한 상호작용을 다루는 유카와 이론의 경우
에도 비슷한 어려움이 있어서 상호작용상수(y)의 값은 역시 설
명할 수 없는 채로 남아 있다. 막대한 양의 새로운 사실들이
실험연구 결과 계속적으로 쏟아져 나오고 있고, 대량의 경험법
칙이 우연성(Parity)이라든가, 기묘도(Strangeness) 등과 같은 개
념을 도입함으로써 얻어졌다. 전체적으로 본다면 오늘날의 상
태는 여러 가지 면에서 전세기 말경 광학이나 화학에서 발견되
었던 사실과 많이 닮아 있다. 당시 스펙트럼 계열의 규칙성이
라든가, 여러 원소 사이의 화학적 원자가의 성질들이 실험적으

로는 잘 알려져 있었으나 이론적으로는 전혀 알 수 없었던 것
이다. 그러다가 원자구조에 관한 양자론이 나타나 대단한 노력
으로 쌓아 올린 경험적 사실이 해결의 빛을 보이며 사정은 급
변했다. 저자의 의견으로는 소립자론에 관한 현재와 같은 교착
상태는 아마도 2000년까지는 완전히 새로운 착상에 의해서 벗
어날 수 있으리라 생각한다. 이 새로운 생각은 현대물리학의
여러 생각이 고전물리학의 것과 전혀 다르듯 현대물리학의 그
것과는 완전히 다른 생각이리라 예측된다. 이론물리학의 장래
진보를 예언해 주기 위한 점쟁이들의 수정구는 존재하지 않는
다. 그러나 그 대신에 〈차원해석(Dimensional Analysis)〉이라는
무기가 있다. 누구나 잘 알고 있는 바와 같이 물리학상의 여러
측정은 세 개의 기본 단위에 기초를 두고 있다. 그 기본 단위
란 다음과 같다.

길이(스타디움, 마일, 리그, 미터 등)

시간(연, 일, 밀리초 등)

질량(스톤, 파운드, 드라크마, 그램 등)

모든 물리량은 〈차원의 식〉에 의해 이들 세 기본량을 써서
표시할 수 있다. 예컨대 **속도**(v)는 단위시간에 달리는 길이(또는
거리), **밀도**(ρ)는 단위부피(즉 길이의 3제곱당의 질량), **에너지**(E)는
질량 곱하기 속도의 제곱 등이다. 이 관계는 차원의 식으로 다
음과 같이 쓴다.

$$[v] = \frac{[L]}{[T]}, \quad [\rho] = \frac{[M]}{[L]^3}, \quad [E] = [M]\frac{[L^2]}{[T]^2}$$

이 식에서 네모진 괄호 [ ]는 수치적인 관계를 나타내는 것이 아니라 해당되는 물리량의 물리적 성질 사이의 관계를 나타낸다. 이에 어떤 단위를 쓰느냐 하는 것은 문제가 되지 않는다. 예컨대 다음과 같이 쓸 수 있다.

[$] = [£] = [Mark] = [franc] = [ruble] = [원]…

또는

[yard] = [foot] = [meter] = [arshin] = [광년] = [자] = …

고전물리학에서 길이, 시간 및 질량(또는 좀 덜 정확하지만 무게)이라는 세 양(量)을 기본으로 선택하게 된 이유는 다분히 인위적인 이유에서인 것 같다. 다시 말하면 인간이 일상생활에서 만나게 되는 개념에 기초를 두고 있다.

예컨대 「5마일 떨어진 곳에 있다」든지, 「한 시간 후에는 돌아오겠다」든지 또는 「잘게 간 소의 살코기 3파운드를 주시오」 등이 그것이다. 그러나 기본 단위로서 이 특별한 세 단위를 선택한다는 것이 본질적으로 필요한 것은 아니다. 이 셋이 아니더라도 **무엇이건 임의의** 세 복합단위, 예컨대 전류의 세기(암페어), 엔진의 일률(마력) 또는 빛의 밝기(촉광)를 기본 단위로 써도 무방할 것이다. 물론 이 단위들은 서로 독립적이어야 한다. 그러나 모든 물리현상에 대해서 수미일관한 이론을 만들기 위해서는 그 자각이 물리학의 넓은 분야에 자주 나타나며, 또 모든 다른 물리량들이 그것에 의해서 쉽게 표시될 수 있는 세개의 기본적인 단위를 고르는 것이 합리적이다. 그렇다면 이 셋은 어떤 단위들일까?

그중 하나는 틀림없이 진공에서의 광속인 c일 것이다. c는 전기역학과 상대성이론의 곳곳에 나타나는 양이다. 사실 빛이 무한대의 속도로($c=\infty$) 전파한다면 아인슈타인의 이론 전체는 아이작 뉴턴의 고전역학으로 귀착할 것이다.

세 보편상수의 다음 멤버는 양자상수(h)로서 , 이것은 원자물리학의 모든 분야를 지배하는 양이다. 만약 h를 0으로 잡는다면 양자역학은 또다시 뉴턴역학으로 귀착한다. 디랙의 위대한 공적은 상대성이론과 양자론을 통일하는 데 성공했다는 점이다. 디랙의 방정식 안에는 c와 h가 나란히 영광스러운 자리를 지키고 있다.

그러나 이론물리학의 체계를 완성하기 위해 필요한 제3의 보편상수는 무엇일까? 물론 뉴턴의 중력상수는 제3의 보편상수가 될 수 있는 후보 중 하나이다. 그러나 잘 생각해 보면 이 상수는 원자 현상이나 원자핵 현상을 설명하기 위해 다른 두 상수와 짝짓기에는 그리 적절해 보이지 않는다. 중력은 행성, 항성 또는 은하계 등의 운동을 설명해 주기 때문에 천문학에서는 매우 중요하다. 그러나 인간적인 척도의 세계에서는 물체 사이의 중력의 인력은 보잘것없이 작아 문제도 되지 않는다. 책상 위에 몇 ㎝ 떨어진 곳에 놓인 두 사과가 뉴턴의 만유인력에 의해 서로 끌려서 굴러갔다면 사람들은 퍽 놀랄 것이다. 오직 매우 예민한 중력 측정장치만이 보통의 크기를 갖는 두 물체 사이에 작용하는 중력의 크기를 겨우 잴 수 있는 것이다.[*]

원자나 원자핵의 세계에서 중력은 정말로 큰 의의를 갖지 않는다. 이 세계에서 전기력과 자기력에 비해 중력의 크기는 약 10^{40}배나 작을 것이다. 디랙이 한때 제시했던 바와 같이 뉴턴

---

[*]가모프, 박승절화, 『중력』 참조

의 중력상수는 실은 상수가 아니고 우주의 나이에 반비례해서 감소하는 변수일지도 모른다. 아마 어쩌면 디랙이 옳을지도 모른다.

자 그러면 어떻게 되어가는 것인가? 어떠한 보편상수가 제3의 자리를 차지할 것인가? 우선 그리스 철학자들의 생각부터 살펴보기로 하자. 그들은 물질의 최소단위로서 원자라는 개념을 품게 되었다. 버트런드 러셀(Bertrand Arthur William Russell, 1872~1970)은 그의 저서 『물질의 분석』*에서 이렇게 쓰고 있다.

앙리 푸앵카레(Henri Poincare, 1854~1912)가 언젠가 제창했고 또 피타고라스(Pythagoras, B.C 6세기경)가 명확히 믿고 있었던 바와 같이 공간과 시간은 불연속이며 덩어리로 되어 있다. 즉 두 입자 사이의 거리는 반드시 어떤 단위의 정수 배로 되어 있다고 생각된다. 마찬가지로 두 사건 사이의 시간에 관해서도 사정은 같 다. 지각이 연속적이라 해서 연속적 과정이 연속이라는 것에 대한 증거로 삼을 수는 없다.

그의 저서 『양자론의 물리적 원리(Die Physikalische Prinzipien der Quantentheorie)』(1930)**에서 베르너 하이젠베르크는 다음과 같이 쓰고 있다.

공간과 시간의 간격은 측정장치의 정도만 올려 준다면 원리적으로는 얼마든지 작게 할 수 있어 보인다. 그러나 파동론의 기본 개념에 관한 논의를 할 때에는 측정에 관련되는 공간과 시간의 간격

---

*Analysis of Matter, Newyork Dover, 1954, p.235.
**The Physical Principle of Quantum Theory, Chicago; University of Chicago Press, 1930, p.48
조병하 역, 『양자론의 물리적 원리』, 서울광림사, 1973

을 우선 유한한 값이라 놓고, 계산이 끝난 뒤에 이 간격들을 0으로 가져가는($\Delta x \rightarrow 0$; $\Delta t \rightarrow 0$) 것이 편리하다. 양자론이 장래 발전한다면 이와 같이 간격을 0으로 가져간다는 자체가 물리학적으로 별 뜻이 없는 추상적 개념임이 알려지게 될지도 모른다. 그러나 현재로서는 어떤 제한을 과할 아무런 근거도 없어 보인다.

그러나 그로부터 6년이 지나자 하이젠베르크는 위에서 인용한 문장 중의 〈그러나〉란 말 다음의 13단어(영문, 번역문으로는 23어)를 정정해서 양자론의 여러 곳에 나타나는 발산(Divergency)의 문제는 10^{-13} cm 정도의 크기의 요소장(Elementary Length, 또는 길이의 양자)을 도입함으로써 소멸시킬 가능성이 있음을 시사했다.

그러면 발산이란 말은 무엇을 뜻하는가? 수학에서 이 말은 수없이 많은 수열(Infinite Series)을 합쳐서 얻어지는 무한급수와 관련해서 나온다. 예컨대

　1+2+3+4+5 (무한히 계속됨)

에서 그 합의 결과는 무한대가 된다. 그렇다면 급수

$$1 + \frac{1}{1} + \frac{1}{2} + \frac{1}{3} + \frac{1}{4} + \frac{1}{5}$$ (무한히 계속됨)

는 어떤가? 이 급수의 합도 역시 무한대가 된다는 것 또는 수학자의 표현을 빌자면 **발산한다**는 것을 증명할 수 있다. 그러나 급수

$$1 + \frac{1}{1}! + \frac{1}{2}! + \frac{1}{3}! + \frac{1}{4}! + \frac{1}{5}!$$ (무한히 계속됨)

는 **수렴하며**(여기서 n!는 1에서 n까지의 모든 정수를 전부 곱한다는

뜻이다), 이 급수의 합은 2.71828……이다. 마찬가지로

$$1 - \frac{1}{3}! + \frac{1}{5}! - \frac{1}{7}! + \text{(무한히 계속됨)}$$

라는 급수도 수렴하며 그 값은 0.84147……이 된다.

이론물리학에서 하는 계산의 결과는 무한급수의 꼴이 되는 수가 많다. 만약 그 급수가 수렴하게 뇌면(보통 그렇게 되는 경우가 많다) 우리는 명확한 해답을 얻게 되며, 구하려고 하는 물리량에 대한 확정된 값을 갖게 된다. 그러나 이 급수가 발산하는 경우에는 고려의 대상이 되어 있는 물리량이 무한대의 값을 갖게 되므로 그 결과는 무의미해진다. 이와 같은 발산의 고전적 예로서 전자의 질량을 계산하는 문제를 생각해 보자. 지금 전자의 전하가 e=4.80×10⁻¹⁰esu(정전단위)이고, 반경이 r_0인 조그만 하전구(荷電球)라 생각한다면, 고전정전기학에 의해서 전자 둘레 공간의 전기장의 에너지는 $\frac{1}{2} \cdot \frac{e^2}{r_0}$과 같아진다. 질량과 에너지의 등가성에 관한 아인슈타인의 법칙에 따르면 장의 질량은 $\frac{1}{2} \cdot \frac{e^2}{r_0 c^2}$이 된다. 그런데 이 질량은 전자의 질량의 실측치(=0.9×10⁻²⁷gm)를 넘으면 안 되므로

$$\frac{e^2}{2 r_0 c^2} \leq m_0 \text{ 또는 } r_0 \geq \frac{e^2}{2 m_0 c^2} = 2.82 \times 10^{-13} cm$$

란 관계가 성립한다. 그러나 만약 전자가 점전하(r_0=0)라 가정한다면 전자 둘레 공간의 전기장의 질량은 무한대가 된다! 한편 전자를 점전하라고 가정해도 좋을 충분한 이론적 근거가 있다. 비슷한 모순은 그 후 소립자물리학의 발전 과정에서 여러

번 일어났으며 그럴 때마다 발산의 문제가 생겨나곤 했다. 즉 단도직입적인 계산의 결과 나타나는 이 무한대의 급수를 그 정당한 이유도 알지 못한 채 어느 곳에선가 잘라 버리지 않는 한 발산(무한대)의 문제는 항상 생기는 것이었다. 파울리는 이와 같은 식의 계산법을 우스꽝스럽게 나타내어 〈절단물리학(Cut Off Physics)〉이라 불렀다.

이 절단은 언제나 대체로 10^{-13} ㎝ 정도의 지점에서 해야만 한다는 특징을 갖고 있다. 그 후 핵자 사이에 작용하는 힘의 유효거리가 실험적으로 정밀하게 측정되어 그 크기는 2.8×10^{-12} ㎝ 임이 밝혀졌다. 그런데 이 값은 바로 〈전자의 고전적 반지름〉, 즉 전자의 질량은 완전히 전자 둘레 공간에서의 정전기장에 기인한다고 가정하고 계산해서 얻은 값과 정확히 같았다. 거리에는 최소의 단위가 있다는 것이 점차 명확해지기 시작했다. 피타고라스, 앙리 푸앵카레, 버트런드 러셀, 베르너 하이젠베르크 및 다른 여러 사람들이 예언한 바와 같이 물리학에서 기본적인 의미를 갖는 요소장(λ)이 존재한다. 광속(c)보다도 빠른 속도가 있을 수 없고, 요소적인 작용량(h)보다도 작은 역학적 작용량이 있을 수 없는 것과 마찬가지로 최소의 길이(λ)보다도 작은 거리는 없으며, 또 요소적인 시간 간격(λ/c)보다도 짧은 시간 간격은 있을 수 없다. 만약 앞으로 이론물리학의 기본 방정식 속에 λ 및 λ/c를 어떤 방식으로 도입할 수 있는가를 알게 되는 날이 오면 우리는 「이제 우리는 드디어 물질과 에너지가 어떤 방식으로 작동하는가를 이해하게 되었다!」고 자랑스럽게 외칠 수 있게 될 것이다.

금세기 초의 새로운 발견이 많았던 처음 30년은 지나갔고 이제 우리는 「앞으로 더 좋은 행운이 깃들겠지」 하는 막연한 기대를 걸면서 메마른 나날을 겨우겨우 지내고 있는 형편이다. 파울리, 하이젠베르크 및 다른 고참 연구자들은 물론, 파인만 (Richard Phillips Feynman, 1918~1988, 1965년 노벨물리학상 수상), 슈윙거(Julian Seymour Schwinger, 1918~1994, 1965년 노벨물리학상 수상), 셸민(Murray GellMann, 1929~, 1969년 노벨물리학상 수상) 등의 소장학자들의 끊임없는 노력에도 불구하고 이론물리학의 진보는 과거 30년간의 진보에 비해서 거의 진척이 없다. 이와 같은 상황은 파울리가 저자에게 써 보낸 편지속에 잘 설명되어 있다. 파울리는 이 편지에서 각종 소립자의 질량을 설명하기 위해 하이젠베르크와 공동으로 한 연구에 관해서 언급하고 있다. 다음 페이지에 이 편지 중의 일부*를 복

---

*역자 주: 〈그림 31〉에 복사해 놓은 파울리의 편지는 다음과 같이 번역된다.

2월 14일부 편지를 감사하게 받았습니다. 하이젠베르크의 공동 연구자와 나는 아직도 그것을 충분히 이해하고 있지 못하다는 이유 때문에 매우 번거롭게 생각하고 있습니다(아직도 논문은 작성되지 않았습니다. 그러나 프리프린트 예고는 되어 있는데 이 프리프린트의 인쇄 여부는 아직 결정하지 못했습니다만 곧 물리학자들에게 나누어 줄 예정입니다. 그 이유는 물리학자들의 호기심을 만족시키기 위한 것과 쓸데없는 소문을 막기 위해서입니다). 이런 뜻에 이 편지 속에 하이젠베르크의 라디오 선전에 대한 나의 비판문을 동봉해 놓겠습니다(절대로 그것을 신문에 발표하지는 마십시오. 그 대신 여러 물리학자들에게 보여주고 그들 사이에 널리 보급시켜 주십시오).

하이젠베르크의 라디오 광고에 대한 나의 비판:

[다음은 내가 티치아노(Titian, Tiziano, 1488(추정)~1576)처럼 그림을 그릴 수 있다는 것을 증명하기 위한 것입니다]

UNIVERSITY OF CALIFORNIA

DEPARTMENT OF PHYSICS
BERKELEY 4, CALIFORNIA

March 1st, 1958

Dear Ganow,

Thanks for your letter of Feb. 24st. the stuff of Heisenberg and me is, as I believe, only so complicated for the reason, that we both have not yet understood it sufficiently. (There is no "paper" yet; but some other preprint, not yet determined for the publication, may be sent to physicists soon, to satisfie their curiosity and to prevent wild rumors.) In this sense You find enclosed my comment on Heisenberg's radio advertisement. (Please don't publish it in the press, but please do show it to other physicists and make it proper bar among them.)

Comment on Heisenberg's radio advertisement

"This is to show the world, that I can paint like Titian:"

Only technical details are missing.

V. Pauli

〈그림 31〉 파울리가 저자에게 보내온 편지

사해서 보여드리기로 한다. 이 편지의 중요 부분(다음 페이지의 복사에서는 생략)은 기초생리학에 관한 문제를 다루고 있다.

이 편지가 쓰인 지 이미 한참이 지나갔다. 그동안 소립자 문제에 관한 논문은 수백 편이나 출판되었으나 아직도 해결의 실마리는 잡히지 않았으며 문제점에 대한 불확실성을 안은 채 어둠 속에서 방황하고 있는 실정이다. 10년, 20년 또는 최소한 21세기가 시작되기 전까지는 이론물리학도 현재와 같은 메마르고 수확 없는 시대에 종말을 고하고 20세기의 도래를 고했던 금세기 초의 여러 혁명적 착상처럼, 혁명적인 아이디어가 다시 폭발적으로 생겨나기를 기대할 뿐이다.

그런데 어떻게 그리는지 그 자세한 기술은 알 수 없습니다.

W. 파울리
1958년 3월 1일

사극 파우스트

원작: J. W. 폰 괴테
상연: 〈이론물리학자연구소〉 기동반, 코펜하겐

표어
비판하려 드는 것은 아니지만……

N. 보어

개막사

원자의 양자론은 금세기 초의 첫 수십 년 사이에 급격한 발전을 이룩했다. 이 기간에 국적을 달리하는 여러 이론물리학자들에게 있어 모든 길은 로마로 통하는 것이 아니라 코펜하겐으로 통한다고 하는 것이 올바른 표현이라고도 할 수 있었다. 이 도시는 원자모형에 관해 올바른 이론을 처음으로 세운 닐스 보어가 태어난 곳이기도 하다. 코펜하겐의 블라이담스바이 15번지(보어의 이론물리학연구소의 당시 주소)에서 매년 봄마다 열리는 회의의 제일 마지막에는 최근의 물리학 발전을 풍자하는 극을 상연하는 것이 상례로 되어 있었다. 1932년에 있었던 회의는 마침 보어연구소의 10주년 기념일과 겹쳤고, 또 영국의 물리학자 제임스 채드윅이 **양성자와 같은 크기의 질량을 가지며 전하량을 전혀 갖지 않는** 새로운 입자를 발견한 직후이기도 했다. 채드윅은 이 입자를 중성자라 불렀는데, 이 이름은 오늘날 핵물리학이나 원자력(좀 엄밀성이 결함된 이름이긴 하지만)에 흥미를 갖는 사람에게는 귀에 익은 이름이기도 하다.

중성자란 술어가 정해지기까지는 약간의 혼란이 있었다. 이보다 몇 년 전 볼프강 파울리는 방사선원소가 β붕괴를 하는 과정에서 실험적으로 관측된 에너지 보존법칙의 파탄을 설명하기 위해 **질량과 전하량을 갖지 않는** 가상적인 입자가 필요하다고 생각하고, 이 입자에 대해서 위에서와 같은 중성자란 이름을 붙였다. 〈파울리의 중성자〉는 물리학자들 사이에 격렬한 논쟁을 불러일으켰다. 그러나 이 이론은 전부 구두(口頭)로 되었거나 또는 사적 통신에 의한 것이었으며 공식적으로 출판되어 판권이 주어진 것은 아니었다. 그래서 채드윅의 무거운 중성자의 발견이 1932년 『자연(Nature)』에 발표되었을 때 무게를 갖지 않는 파울리의 중성자는 부득이 이름을 바꿀 수밖에 없었다. 엔리코 페르미는 이 입자를 **중성미자**라 하면 어떨까 하고 제안했다. 중성미자란 말은 이탈리아어로 조그만 중성자란 뜻이다. 이런 까닭에 다음에 나오는 극의 원문에서 사용된 파울리의 중성자는 현재 쓰고 있는 대로 〈중성미자〉라 번역하기로 했다. 당시 중성미자의 존재는 실증되어 있지 않았다. 여러 물리학자들, 그중에서도 레이던대학의 파울 에렌페스트는 파울리의 이 가상적인 중성미자에 대해서 매우 회의적이었다. 중성미자의 존재가 의심의 여지없이 실증된 것은 겨우 1955년이 되어서의 일이며, 로스앨러모스 과학연구소의 프레더릭 라이네스와 클라이드 코완에 의해서였다.

　다음 여러 페이지에 걸쳐 실려 있는 것은 1932년의 봄 회의에서 보어의 제자 몇 사람이 각색하고 공연한 바 있는 희곡의 대본이다(저자는 이 공연에는 참가할 수 없었다. 소련 정부는 저자가 이 코펜하겐 회의에 참석하기 위해 신청한 여권을 허가해 주지 않았다). 이 극적인 명작의 주제는 회의적인 에렌페스트(**파우스트**)에게 파울리(**메피스토펠레스**)가 무게를 갖지 않는 중성미자(**그레트헨**)의 아이디어를 팔아치우려는 줄거리로 되어 있다.

　블라이담스바이 『파우스트』의 영어 번역은 바바라 가모프가 해 놓았다. 이 희곡은 물리학이 발전했던 폭풍우와 같은 시대에 관한 귀중한 기록으로서 이 책에 재록한다. 이 극의 작자와 배우들은 J. W. 폰 괴테(Johann Wolfgang von Goethe, 1749~

1832)를 제외하고는 계속 익명으로 남아 있기를 바라고 있는
것 같다. 원작자(어쩌면 한 사람이 아닐지도 모르지만)와 출판가의
이름이 밝혀져 있지 않고 있으므로 저자는 이 책의 출판인에게
그가 저자에게 지불하여야 할 인세 중의 적절한 몫을 뽑아서
2, 3년간 제3자에게 맡겨 두었다가, 이 책이 출판되어 이 희곡
의 원작자와 원화가가 나타났을 때 돌려줄 수 있게 해주기를
희망하고 있다. 아무리 해도 찾아낼 수 없는 경우에는 그 돈을
보어연구소의 도서관에 기부하여 새로운 책을 사는 자금에 충
당시킬 수도 있을 것이다.

　이 희곡의 몇몇 부분의 해석에 관해 도와준 막스 델브뤽 교
수에게 감사를 드린다.

조지 가모프

가모프 부인의 주석

이 희곡 『물리학의 파우스트』의 독일어 원본에서는 될수록 충실하게 괴테의 원본에 나타나는 음률과 운(파우스트의 원문 중 대응되는 구절을 참조해 주기 바란다)에 따르도록 시도했으나, 완전하지는 못하다. 간혹 격식을 깨뜨려 파격적인 시문을 채택한 관계로 이 영어판 희곡은 괴테의 원문과 독일어판 『물리학의 파우스트』의 중간에서 그 어느 쪽도 아닌 것에 낙찰되었다. 『물리학의 파우스트』의 독일어판에서 원작 『파우스트』 그대로 축어적으로 사용되었던 몇 줄의 대사는 영어판에서는 유감스럽게도 그대로 사용할 수 없었다. 또 독일어의 억양과 어조에 맞추어 지어낸 익살스런 몇몇 구절에 대해서는 그에 대신할 영어 구절을 만들 필요가 있었다. 독일어판의 『물리학의 파우스트』 중에 나오는 산문 구절은 영어판에서는 음문으로 고쳐서 사회자의 연설문 형식으로 해놓았다. 그 이유는 이 『파우스트』의 희곡을 무대에서 연출하기 쉽게 하기 위해서였다.

등장인물에 따라서는 그 신원에 관해 약간의 혼란이 있곤 한다. 그것은 어디까지나 흥을 돋우기 위해서 일부러 사용했다. 예컨대 그레트헨은 어느 장소에서는 그레트헨으로 나타나는가 하면 다른 장소에서는 중성미자로 바뀌어 나온다. 또 파우스트는 어떤 때는 파우스트로 나타나고, 다른 때에는 에렌페스트로 나타난다. 그러나 이것은 모두 흥을 돋울망정 깨뜨리는 일은 없을 것이다.

그건 그렇고 이 극을 무대에서 상연할 때 여러 단역을 맡은

사람(그것이 인간이건 물리학적 개념이건 간에)에게는 그 사람이
맡은 역을 명시하는 이름표를 붙여주는 것이 좋다고 생각한다.
예컨대 〈슬레이터〉, 〈다윈〉, 〈단일극자〉, 〈잘못된 부호〉 등등과
같은 명찰을 붙여 주자는 것이다. 이렇게라도 하지 않으면 관
객은 아마도 무엇이 무엇인지 모르게 될지도 모른다.

바바라 가모프

배역

(주: 사회는 독일의 물리학자 막스 델브뤽이 맡는다)

대천사 에딩턴	A. 에딩턴(영국의 친문학자)
대천사 진스	J. 진스(영국의 천문학자)
대천사 밀튼	E. A. 밀튼(영국의 천문학자)
메피스토펠레스	W.파울리(독일의 물리학자)
주님	닐스 보어(덴마크의 물리학자)
천사군	엑스트라
파우스트	P. 에렌페스트(네덜란드의 물리학자)
그레트헨	중성미자
오피	R. 오펜하이머(미국의 물리학자)
키 큰 사나이	R. C. 톨만(미국의 물리학자)
밀리컨-아리엘	R. A. 밀리컨(미국의 물리학자)
란다우(다우)	L. 란다우(소련의 물리학자)
가모프	G. 가모프(소련의 물리학자)
슬레이터	J. C. 슬레이터(미국의 물리학자)
디랙	P. A. M. 디랙(영국의 물리학자)
다윈	C. 다윈(영국의 물리학자)
파울러	R. H. 파울러(영국의 물리학자)
네 사람의 노파	게이지불변성, 미세구조상수, 음의 에너지, 특이점
호의적인 사진가	호의적인 사진가
바그너	J. 채드윅(영국의 물리학자)
정신적인 합창대	노래 부를 수 있는 사람이라면 누구라도 무방

서막
—천국과 지옥의 사이—

등장인물

세 대천사, 주님, 천사군, 그리고 메피스토펠레스

대천사 에딩턴

태양은, 잘 아는 바, 혼연히

백열의 다방구(多方球)[1]로서 빛날 운명을 지닌 채

배정된 그의 여정 태고부터

내 이론의 정당함을 남김없이 밝히도다.

르메트르의 장이론[2]에 행운아 깃들어라.

(아무도 그 이론 아는 이 없겠지만!)

천지창조의 아침과도 같이

오묘한 그 창조 기이하고도 장엄하도다.

대천사 진스

쉬지도 않고 달리고 또 회전하며

앞길을 비추면서 날아가는 이중성아.

거성은 어둠과 밝기를 되풀이하며

밤하늘 어둠 속에 성을 일으키도다.

고열의 이상액체는 자전을 거듭하며
분열하여 조롱박의 형태3)를 갖추도다.
승리의 영광은 **내 이론**만이 간직할 수 있는 것!
원자는 결코 규준을 바꾸지 못하리라.

대천사 밀튼

질풍은 다투어 속박의 고삐를 끊고
(마치 천문학지 『월보』4)와도 같이!)
불타는 대야망 몸에 지닌 채
중대한 새 소식을 예고하도다.

10의 7제곱 뜨거운 온도에서
기체는 축퇴되어 불꽃을 튕기도다.
페르미의 이론5)에 따라 자유로이 날뛰며
휘황찬란한 시간을 전개하도다.

세 대천사

환상으로 우리들 힘을 얻나니
(누구 하나 이 모든 것 다 알 수 없으니)
출판이 이루어진 그 아침과도 같이
오묘한 그 창조 기이하고도 장엄하도다.

메피스토펠레스(앞으로 뛰어나가며)

　아, 주(主)여 이렇게도 몸소 찾아오셔서

　우리 일 보살피고 하문(下問)해 주시니,

　평소에도 소인을 반겨 주신 은혜

　갚기 위해 시종들 틈에 끼어 나왔소이다.

　(관객을 향하여)

　별이 이렇다 우주가 이렇다 아무것도 모르는 일

　한낱 인간들의 불평하는 꼴만 보고 살아 온 이 몸.

　그따위 이론이란 잡음과 분노의 씨앗일 뿐

　그럼에도 주(主)여 당신은 황홀에 빠져

　거품처럼 덧없이 사라지는 이론을 믿고

　오만가지 걱정과 근심에 코만 파묻긴가요.

6)

주님

　그러나 그대 악마왕국의 왕자여,

　그대는 단지 불평을 위해 이 잔치를 중단시키려는가?

　현대물리학이라면 아무것이나 마음에 들지 않는다는 말인가?

메피스토펠레스

　아니오, 주님! 물리학의 비참한 꼴을 보기가 불쌍하다는 것뿐이죠.

서글픈 나날 속에 고통과 슬픔을 안겨 준 물리학에 불평을 품었건만 그 누가 믿어 줍니까?

주님

이 **에렌페스트**를 그대는 아는가?

메피스토펠레스

아 그 비판가7) 말씀인가요?

(비판가 등장)

주님

아 나의 기사!

메피스토펠레스

당신의 기사, 당신의 종, 당신의 추종자.
그러시다면 내기를 할까요. 무엇을 거시겠어요?
충고합니다만 결국 주님께서 그 자를 잃으시겠지요.
허락만 하신다면 그 자를 꼬여 타락시켜드리지요.

주님

아 무서운 일, 말해야만 되는가, **말해야만 되는가?**8)
고전론이 갖고 있는 본질적인 잘못이여
이 일방적인 발언, 그러나 비밀로 해 주기 바라네.
그대는 **질량**을 어찌 생각하는지?

메피스토펠레스

질량? 그까짓 거 잊어버리시지!

주님

그러나… 그러나… 매우 흥미 있는 내용일 텐데
한 번만이라도 시도해 본다면…….

메피스토펠레스

거 바보 같은 말씀은 작작하시지, 조용히 하세요.

주님

그러나……, 그러나……, 그러나……, 그러나…….

메피스토펠레스

그것은 나의 가설!

주님

그러나 **파울리**, 파울리, 파울리, 자네와 나는 사실인즉 모든 것에 일치하지 않는가. 오해라니 웬 말인가? **자네와는 물론 완전일치일세. 질량은 내버릴 수 있네.** 그러나 전하는 달라, 전하는 남겨야 해!

메피스토펠레스

변덕스럽기도 한 난센스! 왜 전하를 내버리지 **못**하나요?

주님

자네 이야기는 완전히 알았네. 그러나 **질문해도 좋은가, 친구여.**9)

메피스토펠레스

잠자코 계시라니까요.

주님

그러나 파울리여, 최후까지 내 말 좀 들어 주게. 만약 질량과 전하를 내버린다면 무엇이 남는 거지?

메피스토펠레스

그것은 간단하지요. 무엇이 남느냐고요?

중성미자가 남지요. 정신 차리세요. 그리고 머리를 쓰세요.

(사이, 두 사람 다 이리저리 걸어다님)

주님

　중성미자, 중성미사, 비판하려는 것은 아니고10) 알려고만 한
것이었는데…….

　그러나 나는 이제 떠나야 하네, 잘 있게 언젠가 다시 돌아올게.

(주님 퇴장)

메피스토펠레스

　때때로 저 영감과 만나는 것은 즐거운 일,

　저 영감에게는 되도록 친절히 해 드려야지.

　매력에 차고 기품 있는 분, 부당하게 대접해서야 되나?

　재미있고 인간답기조차 하신 분, 이 파울리에게 말까지 건네
어 주시다니!

(메피스토펠레스 퇴장)

1부
—파우스트의 서재에서—

파우스트

아아 나는 원자가의 화학도,

군론(群論)도, 전기장의 이론도

1893년 소푸스 리가 밝혀낸 변환이론까지도

모든 애를 다 써서 골고루 연구했도다.

그렇다고 옛날보다 더 똑똑해진 것도 없이

석사님, 박사님의 칭호로 불리우노라.

죄지은 이 파우스트, 어리석은 촌뜨기에게

올렸다 내렸다 이리저리 코끝만 잡아끌린 불쌍한 학생들

나와 마찬가지로 물리학으로 골치만 아프도다.

저 기인이나, 명사들이나, 원숭이, 또는 돌팔이 의사 따위의

모든 바보들보다는 물론 내가 더 영리하지만은

오만가지 의문과 거리낌이 나를 괴롭히도다.

아, 저 악마 녀석 파울리가 정말 무섭기도 하구나.

칠판에 쓰인 모든 것이 그대로 믿어질까 봐 무서워

마법의 X족11)이 꺼지기도 전에

미치기나 한 학생처럼 칠판지우개를 붙잡는다.

아 사랑하는 신이여! 그러나 아직도 얼마간 남을 가르칠 수도 있도다.

내 옆에는 구스도 **브라이트**12)도 없지만

옳고 넓은 신의 복음서를 전하기 위해

그들의 재능을 써서 설교할 수도 있도다.

훈트13)건 **하운드**건 나의 운명을 대신하진 못하리.

그래서 나는 비평가가 되도다, 불쌍하고 사생아 같은.

(메피스토펠레스가 우레와 같은 소리를 내면서 장사치 차림으로 뛰어든다)

파우스트

도대체 무슨 소리가 이럴까?

메피스토펠레스

무슨 분부라도 없으신지요?

파우스트

나를 무엇으로 알고 있지? 손님이라고 보았나?

메피스토펠레스

감수성이 예민하고 언제나 세련된 선생님이지만
그러나 당신의 이론은 모두가 틀려버렸지요.
그래서 선생님께 더 고급 이론을 보여드리기로 하지요.
이것을 쓰기만 하면 세계도 태워버릴 수 있지요.

〈금송아지의 댄스〉 ―만화경과 함께―
복사이론이 제가 가져온 상품입니다.

(대포소리 들림, 합창)
　보른―하이젠베르크
　　하이젠베르크―파울리
　　　파울리―요르단
　　　　요르단―위그너
　　　　　위그너―바이스코프
　　　　　　바이스코프―보른
　　　　　　　보른―하이젠베르크14) 등……

메피스토펠레스
　이들은 모두 나의 단원,
　단원 중에서도 단원.
　용기 있고 재치 있는 그들의 말,
　조심스런 그들의 충고.
　파동장의 파장이 커질 때마다

스펙트럼의 선폭은 발산한다네.

(사회자가 몸짓으로 항의한다. 메피스토펠레스는 되풀이해서)
파동장의 세기가 약해질 때마다
스펙트럼의 선폭은 발산한다네.

파우스트

그만하게! 내 병은 이미 나았도다.
내 다시 그대에게 유혹당하진 않으련다.
안심하게. 그대의 논문을
내 다시는 보는 일 없으리.

메피스토펠레스

고맙소이다 고맙소이다.
(옆으로 비켜선다)
(그의 이야기는 핵심을 찌르고 있군. 내가 만난 노인들 중 처음으로 말 상대가 될 수 있겠는 걸)

(상품을 보여주면서)

프시 프시 **슈테른**15)은 어떨까요?

파우스트

싫어!

메피스토펠레스

프시 프시 게를라흐는 어떨까요?

파우스트

싫어!

메피스토펠레스

전기역학은 어떨까요?

파우스트

싫어!

메피스토펠레스

하이젠베르크와 **파울리**로는 어떨까요?

파우스트

싫어!

메피스토펠레스

무한대의 자체에너지는 어떨까요?

파우스트

　싫어!

메피스토펠레스

　전기역학은?

파우스트

　싫어!

메피스토펠레스

　디랙은?

파우스트

　싫어!

메피스토펠레스

　무한대의 자체에너지라면?

파우스트

　똑같은 옛날이야기만 되풀이하는군.

메피스토펠레스

그러니 무엇인가 독특한 것을 보여드리지 않을 수 없군요.

파우스트

메피스토펠레스

너 감언이설로 나를 속이려 하나 내 유혹되지 않으리.

나 스스로 네가 내놓은 이론에 대해

"너 실로 아름답도다. 내 곁을 떠나지 마오" 애원할 때

너 나를 포박하고 달아나도 가(可)하리니

나 그때 즐거이 무릎 꿇고 죽으리라.

메피스토펠레스

이성이건 과학이건 조심하세요.

인간 최고의 힘 같은 건 믿지 마세요.

눈부신 마술의 오묘한 힘 앞에는 당신도

양자론의 유혹에 굴복하시리.

귀담아 들으세요. 이제 난관은 사라지고

아름다운 **중성미자**를 만나게 되오리다.

그레트헨

(무대 위에 들어와 파우스트를 향해 노래한다. 슈버트 작(作) 〈실감는 그레트헨〉의 멜로디로)

나의 질량은 영(零),
나의 전하는 영(零),
그대는 나의 영웅(英雄),
내 이름은 **중성미자**.

나는 그대의 운명
그리고 그대의 열쇠.
내 없었던 까닭에
문은 잠겨버렸네.

나와 짝을 이루기 위해
베타선16)은 찾아오고,
내가 없다면 질소의
스핀마저 설명이 안 돼.17)

나의 질량은 영
나의 전하도 영.
그대는 나의 영웅
내 이름은 중성미자.

242

내 영혼은 언제나
그대를 향해 있고.
내 불쌍한 가슴은
그대만을 사랑하오.

사랑에 번민하는 이 내 마음
그대만을 못 잊으며,
떨고 떠는 내 스핀은
나 자신도 멈출 수 없네.

나의 질량은 영(零),
나의 전하는 영(零),
그대는 나의 영웅(英雄),
내 이름은 중성미자.

(일동 퇴장)

앤아버 부인[18]의 밀주점
(별명: 아우어바흐 주점)

(미국의 물리학자들이 슬픈 얼굴로 바의 걸상에 걸터앉아 있다)

메피스토펠레스

(바의 뒤쪽에서 뛰어나온다)

왜 술들 안 마셔? 웃는 사람도 없나?
내 눈 깜짝할 사이에 물리학을 가르쳐 줄까?

(메피스토펠레스, 물리학자들을 향해 과장되게 그리고 아는 체하는
눈짓을 한다)

멍하니 앉아서 부끄럽지도 않은지.

전에는 밤낮 펄펄 뛰던 녀석들이!

오피

(말하기 전에 꿀꺽꿀꺽 마시면서)

그것은 너 때문이야. 너는 글쎄 무엇 하나 재미나는 것을 가
져와야지!

새 뉴스도 없고 새 X족도 없으니 말이야, 흥!

메피스토펠레스

(그레트헨을 등장시키면서)

자아, 여기 두 가지 모두 있네.

(모두들 북적거리면서 박수갈채를 보내며 떠들어댄다)

키 큰 사나이

아, 아름받고 사람의 마음을 사로잡는 아가씨…….

(메피스토펠레스를 향하여)

어디 가 있었나? 패서디나(미 로스앤젤레스 근처의 도시)에?

메피스토펠레스

아인슈타인과 함께였지. 아인슈타인은 숨어 있는 자네에게 인
사드리라 부탁도 했네.

이 앤아버 부인의 멋있는 주점에 **숨어 있는** 자네에게 말이야.

키 큰 사나이

아인슈타인! 그의 곡선군! 그의 중력장! 그의 모든 활동무대!

메피스토펠레스

(노래한다)

옛날 옛적 한 **임금님** 계셨더라네.
굵은 **벼룩**[19] 한 마리를 길렀었더라.
자기 낳은 친자식도 이처럼 하랴,
만유인력 옥동자도 이처럼 하랴.

마이어[20]를 부르라고 분부 내리니
지체 없이 재봉사는 대령하였네.
「왕세자님 입으실 텐서[21]저고리
　중력장에 알맞도록 만들리로다」

벼룩이는 멋쟁이로 차려입은 채
여러 사람 보는 앞에 나타났으나,
너무나도 맛이 있게 만든 까닭에
사람들이 벼룩이를 삼켜버렸네.

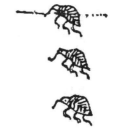

벼룩이는 자라나서 어른이 되어
아름다운 **옥동자**를 하나 낳았네
아들 벼룩[22] 아버지와 싸웠건만은
한 치라도 달아나려 하지 않았네.

$$\Gamma^{i}_{\underline{st}} = \Gamma^{i}_{st} + \Gamma^{i}_{st,r}\, \underline{\Xi}\, r$$

$$\int \mathfrak{M}_{i}\, \underline{\Xi}^{i}\, d\tau$$

$$\mathcal{g}\, \vee^{is}_{s} = 0$$

베를린의 즐거움과 명예를 위해
반사체의 벼룩이는 밀려닥쳤네.
그러나 불신자는 이것을 보고
〈종일장의 이론〉이라 불렀었도다.

물리학자 마침내는 경계를 하며
진지하게 실험 결과 지켜보도다.
새 벼룩들 태어나서 나올 때마다
입은 옷이 알맞는가 조사하도다.

전원

우리 모두 취했지만 즐거웁도다!
오백 마리 돼지처럼 즐거웁도다!

파우스트

(금주주의자로 유명, 앞으로 나와서 노래한다)
(메피스토펠레스를 향해서)
너는 내가 즐겁다고 생각하는가?
시끄럽고 지옥 같은 소란 속에서?

(그레트헨을 향하여)
이 해골아 이 괴물아 나 여기 있네,
너는 어찌 너의 주인 몰라보느냐?
어느 놈이 내 손목을 잡아당기냐?
당장 네 손 갈기갈기 찢어놓겠네!

그레트헨
파우스트님, 파우스트님, 아 무서워라 이 재난이여!

(일동 퇴장)

2부
—아름답고 경치 좋은 곳—

250

(파우스트 장미꽃밭에 누워 잔다. 오른쪽에는 서양자두나무가 자라고 있다. 굉장한 소음이 밀리컨-아리엘 접근을 알려준다)

밀리컨—아리엘

(높은 곳으로부터)
듣거라 이 순박한 시골뜨기 아뢰는 말을
(윌슨의 안개함과 가이거의 계수관들아)23)!
요정의 두 귀에는 우레처럼 들려오도다.
우주선은 바야흐로 나타나리라!
양성자는 삐걱삐걱 재잘거리고,
전자들은 떼굴떼굴 덜그럭거려.
광자들은 돌진해와 어디로 가나?

하이젠베르크24)는 심술궂은 아저씨;
로시와 **호프만**25)은 신경질만 부린다더라.
이 모든 헛소리 어리석고 무의미하네!

파우스트

(눈을 뜬다)

아름다운 장미의 들이여, 내 쓰다듬는 이 땅은 누구의 것?

로젠펠트26)여, 그대 것인가, 그리고 우리는 왜 이처럼 친숙
한가?

서양자두나무 **불변성**27)에 축복 있기를

이 나무야말로 바로 내가 찾는 서양자두나무.

(사회자 나타남)

(파우스트, 사회자를 보고)

오늘은 도대체 무슨 일이 있는가?

사회자

발푸르기스의 밤. 우선 **고전적인 시**(詩).

다음으로 **양자론**.

파우스트

훌륭한 모임이군. 찬성이야 찬성!

고전적인 발푸르기스의 밤*

사회자

(상연하는 몸짓을 한다)

고전적인 혼성곡!

파우스트

(상연을 기대하면서 앞으로 기댄다. 오랫동안 머뭇거리고 있는 모양
이 아무것도 일어나지 않고 있음을 나타낸다)

그런데 이봐, 아무것도 상연 안 하는 것 아냐!

사회자

조금만 더 기다리세요.

파우스트

(계속 기다린다. 다시 오랫동안 기다리지만 아무것도 일어나지 않는다)

델브뤽! 왜 상연은 안 하지?

---

*역자 주: 발푸르기스의 밤은 4월 30일의 밤으로서 이 밤에 마녀들이 마
왕과 주연(酒宴 : 술잔치)을 배푼다고 한다.

사회자

파우스트군, 고전론에 의하면 고전론적 관측은 관객에게는 아무런 효과도 일으키지 않는단 말이야.

(디랙이 들어온다)

디랙

맞았어! 맞았어!

파우스트

그럼 왜 고전론을 집어치우고 대번에 양자론으로 넘어가지는 못하지?

사회자

만약 그렇게 했다간 나는 사회자로서의 지위를 박탈당해.
따라서 당연히 먼저 고전론을 상연해야지.

파우스트

발푸르기스의 밤을 상연하는 데 두 가지 다른 시간표를 짜기를 제안하네. 내가 공언한 바와 같이 첫 번째 극은 지옥의 변경에나 보내야지.

디랙

안 되지, 안 돼.

파우스트

　그렇다면 고전론의 극을 시간적으로나 공간적으로 훨씬 뒤쪽으로 물리게 하면 어떨까?

사회자

　좋아, 승인하지.

양자역학적 발푸르기스의 밤

(무대 한쪽 편 뒤쪽에 주님과 란다우[28])가 나타난다. 란다우는 묶이고 소리 내지 못하게 입이 막혀 있다)

주(主)님

　　다우군, 조용히 하게. 사실상 올바른 단 하나의 이론이란,

　　다시 말해 그 유혹의 올가미에 내가 꼼짝 못하고 잡혀버리는

　이론이란…….

란다우

　　음! 음음! 음음! 음음!

주님

　　내 말을 방해하지 말게. 난 좀 더 얘기를 해야 되겠네.

　　다우군, 자네는 알겠지, 단 하나의 제대로 된 경험법칙이란…….

란다우

　　음! 음음! 음음! 음음!

　　(무대의 다른 한쪽 뒤로부터 가모프의 얼굴이 철창살 너머로 나타

　난다)

가모프

(퍼텐셜 장벽 높이가 너무 높아서)
블라이담스바이에는 갈 수도 없네.
당신의 그 〈얘기〉는 엉터리라오.
주님이여 다우는 장난을 하오.
묶이고 자갈 물려 꼼짝도 않고
〈니예트〉도 〈하로쇼〉도 할 수 없다오.

사회자

(무대 한복판에 서서)
주의! 아흐퉁(Achtung)! 조심! P. 디랙의 요놈의 **구멍**29)에 주
의하란 말이요. 깜박할 사이에 걸려 넘어져 뒤로 나자빠진단
말이요!
(그는 〈**경고**〉란 간판을 세운다)

단일극자

(앞으로 나와 노래한다)
두 개의 단일극자30) 서로서로 존경하도다.
둘은 모든 점에 의견 일치를 보아 왔건만,
둘 중의 그 아무도 상대방과 합치지 못해
디랙은 너무나도 규율이 엄격하도다.
(사회자를 향하여)
말해 주세요. 내 사랑하는 반대극자는 어디 있는가를.
(주의하세요. 구멍이 있습니다!)

사회자

(옆으로 물러난다)

(구멍이다! 내 발밑에! 분화구와도 같은 것이!)

(단일극자를 향해서)

잠깐만! **슬레이터**가 오는군.

(슬레이터가 피투성이가 된 창(槍)과 군론(群論)31)의 용(龍)을 이끌
고 앞으로 걸어나온다)

사회자

(무대 위에서 이리저리 도망치는 배우들을 보면서)

왜들 내빼지? 왜 뒹굴지?

피 묻은 단일극자로 왜 그를 찌르지?

군론의 용이여, 이 치명적인 한 칼로

너를 찍어 눕히련다!

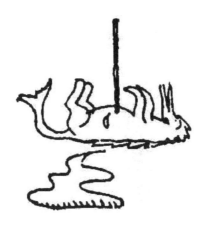

비늘이 지수처럼 붙어 있는 너, 용.
너는 반대칭 때문에 죽느니라.
무(無)로 돌아가 너는 누워 있노라
지위도 변장도 빼앗겨 벗겨버린 채.
오! 군론의 용이여, 이 치명적인 한 칼로 너를 찍어 눕히련다!
(잘못된 부호(符號)가 앞으로 나온다)

잘못된 부호[32]

　모든 이론은 끝장이 나거나 실망을 가져온다.

부호란 영원히 이 이론에는 옥의 티.
계산은 훌륭하고 모든 것이 잘 들어맞지만
전성기에서 부호는 꼼짝도 못하게 되도다.
(디랙과 다원이 앞으로 끌려 나온다)

사회자

여기 소개하는 것은 숭배하는 **1차원 씨**
그 이름은 **디랙**, 기억하시겠지요.
그다음에 오시는 분은 **3차원의 다원**입니다.
(잘못된 부호는 디랙 둘레를 뛰어다니며 디랙을 옆으로 끈다. 그러나 잘못된 부호는 다원 쪽에는 가까이 가지도 않는다)

잘못된 부호를 보십시오. 그는 괴로워하며 난처해합니다.
그 때문에 그는 자존심이 상해 있지요.
그러나 그는 디랙을 다룰 수는 있습니다.
하지만 다원은 깰 수 없는 호두와 같고,
아직까지는 하늘에 떠 있는 파이 같은 것이지요.
말하자면 물리학자들 눈의 반짝거림 같은 것이겠지요.
(사회자가 한 장의 카드를 꺼내어 읽는다)

$$\text{교환관계}^{33)} \ PQ - QP = \frac{h}{2\pi i}$$

보시오! 다윈은 P로 변했습니다.
(파울러가 무대에 나타난다)

파울러 씨의 도착입니다. 파울러는 Q입니다.
등 짚고 넘기를 해 가면서 미친 듯이 카드에 적은 대로
변환관계를 설명하는 그들이 보이지요.

(한 번 교환할 때마다 ⟨h/2πi⟩ 신호등이 켜진다. 그와 동시에 노랫
소리가 들린다) :

이리하여 P와 Q는 교환되도다
몇 번이고 몇 번이고 다시 새로이,
몇 번이고 몇 번이고 다시 새로이.
그때마다 신호등은 번쩍이도다:
h 나누기 2πi, h 나누기 2πi!

쉴 새 없이 영원토록 뛰어넘는다
바보처럼 그들 모두 꺼질 때까지,
바보처럼 그들 모두 꺼질 때까지.
그때마다 신호등은 번쩍이도다:
h 나누기 2πi, h 나누기 2πi!

정신차려요! 정신차려요! 이제 그들의 형태가 바뀌었어요.

(P와 Q는 이제 고통스러운 형태 변화를 일으켜 당나귀전자(電子)[34]
가 되었다가 디랙 구멍 중 하나에 빠져버린다)

당나귀전자(電子)에게
잘 보아라 비틀비틀 정신없는 저 모습을
경솔하게 빠져버린 재치 없는 늙은 것들,
함정으로 만들어진 구멍 속에 빠지다니.

(광자의 스핀이 인도인의 몸차림을 하고 둔주곡의 반주 속에 무대
를 가로질러 미끄러지듯 지나간다)

조심하세요, 조심을! **광자의 스핀 씨**(氏)35)입니다.
인도(印度)의 **사리와 코트**를 차려입고 나타났습니다.
(겸손하고 예절 바른 **보스입자**36) 아가씨는 옷을 안 입고는 무대 위
로 안 갑니다)

(디랙이 앞에 나온다. 네 사람의 할머니가 뒤따른다)

첫째 할머니
  게이지불변성. 그것이 나의 이름이노라.

둘째 할머니
  내 이름은 유명한 **미세구조상수**.37)

셋째 할머니

음에너지[38]. 그것이 나이노라.

넷째 할머니

(셋째 할머니에게)

셋째 할멈, 문법 사용에 조심하시오.

(다른 할머니에게)

아우들아, 그대들은 언제까지나

복잡한 계산 속에 들지 못하리.

결국은 그 계산의 끝에 가서는

특이성[39] 내 이름이 나타나리라!

(넷째 할머니는 무대 한쪽에 서 있다가 나중에는 들어가 뒤 섞인다)

파우스트

네 명이 나타났다 한 명만은 가버렸네.

무엇을 말하는지 이해할 수 없건만은.

공중은 허깨비와 망령들로 가득 차고

우리들 한결같이 가발 끈을 붙잡노라.

디랙

괴상한 새 한 마리 까악까악 울어대니

무엇을 울어대냐 우리들의 불행인가!

우리의 양자이론 미친 듯이 날뛰도다.

그 옛날 1926년[40] 다시 한 번 돌아가세;

그 뒤의 우리연구 태우는 게 알맞도다.

파우스트

오늘부턴 아무도 연구조차 할 수 없나?

디랙

(넷째 할머니에게)

아, 그대 특이성아 어서 **물러나라!**

넷째 할머니

이 자린 내 자리요. **떠들지들 마시오.**

디랙

요녀여 나의 마력 너를 쫓아 버리리라.

넷째 할머니

불쌍한 이 내 몸아 고유장에 없었더냐?

복사선 그 속에도 이 내 모습 없었더냐?

언제나 쉴 새 없이 변동하는 이 내 몸아,

아무도 날쌘 이 몸 쇠사슬로 맬 수 없고.

원자의 궤도이건 입자들의 파동이건,

놀라는 노예들의 사이사이 끼여 있네.
찾으려 한 일 없이 발견부터 먼저 되고
붙잡혀 가기 전에 저주부터 당하노라.

디랙

무엇을 말하는지 알 수 없는 노릇이다.
(디랙 퇴장하다 특이성과 부딪친다)

사회자

(디랙의 뒤를 향하여)
그대는 알게 되리 집념의 그 할머니
달까지 당신 따라 끝장 보러 따라가리!
(관객을 향하여)
기나긴 그의 다리 그의 일정 단축하면
세 할멈 바보 할멈 뿌리치고 달아나리.
(메피스토펠레스 등장한다. 누군가가 문을 두드린다. 호감 가는 사
진사 한 사람이 의심쩍게 안을 들여다본다)

메피스토펠레스

이리로 들어옵쇼! 잘 오셨어, 사진사님!
언제나 헐렁헐렁 헐렁 바지 걸쳐 입고
건반과 필름 넣고 짤깍짤깍 찍어보소
(파우스트를 손가락질하며)
저 친구 당신 없이 오그라져 있게 되오.

파우스트

(매우 흥분해서 보도사진사를 향해 포즈를 취한다)
거룩한 이 순간에 소리 높이 외치노라:
"너 실로 아름답다. 걸음걸이 멈추어라
내 이름 길이길이 위인 틈에 끼워 넣어
제4의 신문왕국 연대기를 남기리라.
즐거운 이 행복감 따스하게 예감하며
나 이제 내 것이된 이 만족감 즐기노라.
(파우스트 죽는다. 신문기자들 그의 시체를 끌어내 간다)

메피스토펠레스

어떠한 즐거움도 넉넉함을 못 느꼈고
어떠한 행운 행복 만족하지 못했도다.

언제나 천변만화 꿍무니만 쫓더니만
공허한 그의 마음 달랠 길도 없었도다.
언제나 그를 피해 도망가는 사람 뒤만
뒤따라 잡으려던 가련스런 사나이여
이제는 모든 것이 허무하게 끝났도다.
심오한 그의 지식 무슨 소용 있었던가.

사회자

(사진사의 카메라를 향해)
번쩍이는 섬광이여!
마그네슘을 삼켜버리고,
뇌운을 만들고 소나기를 퍼붓고,
자아를 멸망시키고,
악취를 풍기고,
번쩍거리는 빛이여,
이제 또다시 우리를 괴롭히지 말지어다.

종막
—참된 중성자의 숭배—

바그너41)

(이성적인 실험가를 인격화한 것으로 나타난다. 손가락 끝에 검은 구(球)를 올려놓고 균형을 잡아가면서 자랑스러운 듯이 이야기한다)

중성자는 여기에 나타났도다.

한 아름의 질량을 걸머진 채로.
영원하게 전하와 무관한 채로.
파울리여, 그대도 동의하는가?

메피스토펠레스

　실험가가 애써서 발견한 것은
　이론가의 협력을 받지 않고도
　건전하고 옳다고 믿을 수 있네.
　에르자츠[42] 그대에 행운 있기를
　중량급의 그대를 환영하도다.
　우리 정열을 뒤엎어 놓네.
　그레트헨, 그대는 우리의 보배!

신비로운 합창대

　한때의 환상도 지금은 현실.
　고색도 창연한 우아와 정밀!
　진심의 축하를 노래 불러라,
　영원한 중성(中性)에 끌려 당기리!

서막

1) 다방구(多方球)란 고온의 기체구로서 항성의 수학적인 모형을 나타낸다.

2) 조르주 르메트르(Georges Edouard Lemaître, 1894~1966) 신부는 벨기에의 천문학자로서 최초로 우주팽창설을 제창한 학자.

3) ……조롱박의 형태란 이중성에 의한 태양계의 기원에 관한 진스의 학설을 말한다.

4) 『월보(Monthly Notices)』란 왕립천문학회에서 발간하는 것으로서 이론 천체물리학에 관한 영국의 논문은 거의 전부가 이 학술지에 기재된다.

5) 어떤 특정한 종류의 항성 내부는 페르미의 축퇴(縮退)된 전자기체로 되어 있다(7장 참조).

6) 양자론적 불확정성 관계 $\Delta q \cdot \Delta p$를 나타내는 기호로서 이에 관해서는 본문(5장)에 설명되어 있다.

7) 비판가란 에렌페스트 교수를 뜻한다. 그는 제안된 여러 이론에 대해서 항상 비판적인 태도를 취했다. 특히 그는 파울리의 중성미자 가설에 대해서 비판적이었다.

8) 「말해야만 되는가.」 보어는 이것을 독일어로 「Jah, muss Ich sagen……」이라고 말하곤 했다. 보어연구소에서 보통 사용된 언어는 유럽 중부 출신의 소원(所員)이 많았던 관계로 주로 독일어였다. 보어는 물론 독일어를 완전히 말할 줄 알았지만 때때로 덴마크적인 요소를 포함시키곤 하였다. 그 예의 하나가 이 "muss Ich sagen"이라는 그의 상투적인 어구였다. "muss Ich sagen"으로는 「발언하지 않으면 안 될 것인가」가 되는데 위의 경우에 올바른 독일어로는 "darf Ich sagen"(발언해도 좋은가)이라 했어야만 되었다. 이 오류의 근원은 독일어의 "darf"에 해당하는 덴마크어는 "maa"로서 이것이 독일어의 "muss"나 영어의 "must"와 닮아 있다는 점에 있다.

9) "maa jeg spørge"란 덴마크어로 「질문해도 좋은가요」의 뜻이다.

10) 「비판하려는 것은 아니고……」도 또한 보어의 틀에 박힌 말투로서 누군가의 의견에 동의하지 않을 때 그는 언제나 이 말을 썼다.

1부

11) X족(영어로 X-ing, 독어로 Ixerei)이란 아인슈타인이 만들어낸 단어로서 매우 복잡한 수학(X는 대수학에서 미지수를 나타낸다)만 있고 물리적 내용이 빈곤한 논문을 평할 때 자주 사용했다.

12) 구스와 브라이트는 각각 E. Guth와 G. Breit 박사를 뜻한다. 이 독일어의 발음에 대응하는 영어 뜻은 각각 Good과 Wide이다.

13) 독일의 물리학자 F. 훈트(F. Hund)를 말한다. 독일어에서 훈트는 영어에서 개에 해당한다. 보어연구소에서는 「개처럼 일한다」라는 말을 통해 그의 이름이 자주 언급되기도 하였다.

14) 복사의 양자론을 연구한 독일의 물리학자들.

15) 프시 프시 슈테른(Psi Psi Stern은 $\Psi\Psi^*$의 기호를 독일어로 읽은 것) $\Psi\Psi^*$는 양자물리학에 나타나는 중요한 양(量)이다. 여기서는 독일의 유명한 실험물리학자인 오토 슈테른과 W. 게를라흐(W. Gerlach)를 뜻한다.

16) 베타선. 파울리의 가설에 의하면 원자핵이 β선을 방출할 때에는 반드시 중성미자라는 입자가 수반된다.

17) N-스핀. 당시의 견해에 의하면 질소원자핵의 스핀은 가설적인 중성미자가 갖는 스핀을 고려하지 않고서는 설명할 수 없는 것이었다.

18) 미국 미시간주 앤아버에 있는 미시간대학을 뜻한다.

19) 임금님(아인슈타인)의 벼룩이란 일반 상대성이론을 뜻한다.

20) 발터 마이어(Walter Mayr)는 아인슈타인이 일반 상대성이론을 발전시켰을 때 협조한 수학자이다. 영문 시(詩)에서는 Mayr를 Myer라 발음하여 그 둘째 줄 뒤에 나오는 Sire(전하)와 함께 음을 밟고 있다.

21) 텐서(tensor)는 구부러진 공간을 기술하기 위한 수학적 기호이다.

22) 아들 벼룩이란 통일장 이론을 뜻한다. 아인슈타인은 그의 생애의 마지막 30년을 통일장 이론 연구에 소비했지만 크게 성공하지는 못했다.

2부

23) 윌슨의 안개함과 가이거의 계수관은 우주선 연구에 사용되는 물리학 실험장치.

24) W. 하이젠베르크(5장 참조). 그는 당시 우주선 이론에 흥미를 가졌다.

25) 브루노 로시(Bruno Benedetto Rossi, 1905~1993)와 G. 호프만(G. Hoffmann)은 우주선을 연구한 실험물리학자.

26) 레온 로젠펠트는 벨기에의 이론물리학자.

27) 〈게이지불변성(Gauge Invariant)〉이란 이론물리학에 나타나는 복잡한 개념이다.

28) 란다우, 소련의 이론물리학자. 『닐스 보어와 물리학의 발전(niels Bohr and the Development of Physics)』 파울리 편(編), W. Pauli, ed., NewYork; McGraw-Hill, 1955, p.70을 보라.

29) 디랙의 구멍(6장 참조).

30) 단일극자(6장 참조).

31) 군론. 수학의 한 분야로서 물리학의 여러 분야에 응용된다.

32) 잘못된 부호란 (-)여야 하는 것이 (+)가 되고, 또 (+)가 되어야 할 것이 (-)가 되는 경우를 말한다. 이것은 수학적 계산 과정에서 부주의로 이따금 일어나는 것으로서 얻어진 결과는 물론 옳지 않다.

33) 교환관계. 하이젠베르크의 양자역학(행렬역학이라고도 함)에서는 이 관계식이 기본적 가정(假定)이 되어 있다.

34) 당나귀전자. 음의 질량을 갖는 전자를 농담으로 이렇게 부른다. 당나귀는 끌면 뒤로 버티고, 밀면 앞으로 되밀어 오는 성질이 있는데, 이것은 힘을 가하면 힘과 반대 방향으로 가속되는 음의 질량을 갖는 전자의 성질과 비슷하다 해서 이렇게 부르는 것이다.

35) 광자 또는 광양자는 자전하는 에너지의 덩어리라 생각되고 있다.

36) 보스입자(3장 참조). 빛이나 π중간자처럼 정수값의 스핀을 갖는 입자.

37) 미세구조상수. 1/137로서 원자의 이론에서 중요한 상수.

38) 음에너지. 상대론적 양자역학 발전 도중에 나타났던 수학적 난점(難點)의 하나.

39) 특이성. 양자론에 나타나는 또 하나의 수학적 난점의 하나.

40) 1926년에 파동역학(양자역학)이 새로 만들어졌다.

종막

41) 바그너. 제임스 채드윅을 말한다. 이 가극(歌劇)이 상연된 그해에 영국
의 물리학자 채드윅은 중성자(중성의 무거운 입자)를 발견했다.

42) 에르자츠[Ersatz, 대용물(代用物)]. 큰 질량을 갖는 중성자를 질량이
없는 중성미자의 대용물로 생각할 수는 없다.

물리학을 뒤흔든 30년

20세기 물리학 혁명의 산 증인

초판 1쇄 1975년 01월 15일
개정 1쇄 2018년 08월 17일

지은이 G. 가모프
옮긴이 김정흠
펴낸이 손영일
펴낸곳 전파과학사
주소 서울시 서대문구 증가로 18, 204호
등록 1956. 7. 23. 등록 제10-89호
전화 (02)333-8877(8855)
FAX (02)334-8092
홈페이지 www.s-wave.co.kr
E-mail chonpa2@hanmail.net
공식블로그 http://blog.naver.com/siencia

ISBN 978-89-7044-830-5 (03420)
파본은 구입처에서 교환해 드립니다.
정가는 커버에 표시되어 있습니다.

도서목록

현대과학신서

도서목록

BLUE BACKS